BTS 아미 서울을 가다

BTS 아미 서울을 가다

2023년 10월 27일 1판 1쇄 인쇄 / 2023년 11월 9일 1판 1쇄 발행

지은이 마리나 시모넨코 · 정준 / 펴낸이 임은주
펴낸곳 도서출판 청동거울 / 출판등록 1998년 5월 14일 제2023-000034호
주소 (12284) 경기도 남양주시 다산지금로 202(현대테라타워 DIMC) B동 317호
전화 031) 560-9810 / 팩스 031) 560-9811
전자우편 treefrog2003@hanmail.net / 네이버블로그 청동거울출판사

북디자인 서강
출력 우일프린테크 | 인쇄 하정문화사 | 제책 정성문화사

책값은 뒤표지에 있습니다.
잘못 만들어진 책은 바꾸어 드립니다.
지은이와의 협의에 의해 인지를 붙이지 않습니다.

이 책의 본문은 친환경 재생용지를 사용해 제작했습니다.

BTS ARMY Goes to Seoul
Written by Maryna Simonenko & Jung Jun.

First published in Korea in 2023 by CheongDongKeoWool Publishing Co.
Printed in Korea.

ISBN 978-89-5749-231-4 (03980)

동심의 숲에서 길 찾기

김용희(金容熙)

아동문학평론가
1956년 서울에서 태어나 성장했으며,
경희대 국어국문학과 및 동대학원을 졸업했다.
1982년『아동문학평론』에 「서민의지와 전통의식:신현득론」과
「현실 체험과 상상적 경험:권용철론」이 천료되면서
아동문학 평론활동을 시작하였다.
한국아동문학인협회 회원, 현대아동문학작가회 부회장을 맡고 있으며
계간『아동문학평론』과『아동문학담론』의 편집위원으로 활동하고 있다.
주요 논문으로 「박목월 시 연구」 등이 있다.

이 아동문학 평론집은 한국문화예술진흥원으로부터
문예진흥기금을 지원받아 발간되었습니다.

청동거울 문화점검 ④
동심의 숲에서 길 찾기
김용희 아동문학 평론집

발행일/1999년 1월 9일 1판 1쇄 발행
2004년 3월 20일 1판 2쇄 발행

지은이/김용희
펴낸이/임은주
펴낸곳/도서출판 청동거울
출판등록/1998년 5월 14일 제13-532호
주소/(137-070)서울 서초구 서초동 1359-4 동영빌딩 내
전화/02)584-9886~7 팩스/02)584-9882
전자우편/cheong21@freechal.com

값 10,000원

ISBN 89-88286-05-7

BTS 아미 서울을 가다

마리나 시모넨코 · 정준 지음

청동거울

| 차례 |

| 이 책의 특징 |

이 책은 우크라이나에서 온 BTS 아미(ARMY)인 마리나(Maryna)와, 한국과 일본을 오가면서 다양한 글을 쓰고 있는 정준 작가가 함께 완성했습니다.

67세의 정준 작가가 23세의 마리나와 함께 '서울을 중심으로 한국을 소개하는 여행책을 집필해야겠다'고 결심한 이유가 있습니다. 우크라이나 출신의 BTS 아미인 마리나가 홀로 서울을 여행하면서 경험한 시행착오에 대한 많은 이야기를 들었기 때문입니다.

갓 20세가 되던 2019년에 무작정 한국으로 들어와 좌충우돌한 서울 여행에 관한 이야기를 경청한 정준 작가는, '코로나 팬데믹이 끝난 후에 한국 방문을 꿈꾸는 많은 여행자들에게 K-POP의 수도인 서울을 좀 더 쉽고 능률적이면서 재미있게 여행할 수 있도록 도와줄 수 있는 책이 꼭 필요하다'고 생각하게 되었습니다.

또한 한류 관광객들은 물론 서울을 제대로 관광하고 싶은 국내의 관광객들에게 '흥미로운 한국의 문화와 한국인의 정서에 대해 좀 더 심도 깊은 정보를 전해 주는 책을 집필하는 것이 매우 절실하다'고 생각했습니다.

이 책의 저자는 수많은 관광객들에게 가볍고, 얄팍하고, 짧은 관광 정보를 천편일률적으로 나열하는, 상업적인 서울 투어 가이드 북을 단호히 거부하기로 했습니다. 그처럼 경박한 관광 서적이 아니라, 서울의 유구한 문화와 정 많은 한국인의 정서를 따뜻한 마음으로 전하는 서울 문화여행 에세이를 저술하기로 의기투합했습니다.

그래서 두 작가는 한국과 서울에 대해 '수박 겉 핥기' 식의 단편적이고 얕은 정보가 아니라, 한국과 서울에 대해 보다 더 폭넓은 인문학적인 지식을 담아내기 위해 최선을 다했습니다.

인문학은 '인간에 대해 알려주는 폭넓은 학문'입니다. 인문학은 좀 더 높은 곳에서 세상을 훨씬 넓고 깊이 있게 바라볼 수 있도록 도와주는 성능 좋은 '초대형 망원경'과 같습니다.

한국의 수도인 서울에 있는 관광명소들은 단순한 장소나 사물이 아닙니다. 그곳에는 수많은 사람들의 땀과 눈물과 웃음이 깃든 드라마틱한 스토리들이 다양한 암호로 응축되어 있습니다. 그 은밀하면서도 흥미로운 스토리들을 알아내기 위해서는, 그 장소에 응축되어 있는 비밀의 암호를 풀어 나가야 합니다.

이 책에서는 해외에서 온 관광객들이 짧은 체류 기간일지라도 그 기간 내에 효율적으로 한국인의 내면 깊숙이 쌓여 있는 정서에 대해 자연스럽게 이해할 수 있게 도와드리고 있습니다. 한국에 대해 최대한 빠른 시간 내에 좀 더 많은 것을 알고 싶어하는 세계 각국의 여행자들에게 꼭 필요한 책이 될 것입니다. 한국의 수도인 서울에서 안전하고 효율적으로 이동하면서, 한국의 문화와 한국인의 감성을 보다 폭넓게 이해할 수 있는 '최고의 꿀팁'을 알려 드리기 위해 최선의 노력을 기울였습니다.

그래서 2022년 봄부터 가을까지 지난 8개월 동안 정준 작가와 마리나는 이 책에 소개된 서울의 모든 곳을 지하철과 버스와 도보로 함께 이동하면서 이 책의 원고를 꼼꼼하게 썼습니다. 독자 여러분들은 K-POP의 수도인 서울의 곳곳을 두 사람과 함께 여행하는 듯한 생생함과 친근함을 느끼게 될 것입니다.

끝으로 이 책의 1부와 3부는 마리나가, 2부는 정준 작가가 대표 집필했음을 밝혀 둡니다.

| 이 책의 활용법 |

1. 이 책을 가장 잘 활용하는 첫 번째 꿀팁!

이 책은 그동안 타성에 젖은 일반적인 서울 관광 프로그램처럼 '서울의 구시가지 관광'을 먼저 시작하는 것이 아니라, 과감한 역발상으로 '서울의 신시가지 관광'을 먼저 시작한다. 왜냐하면 서울은 매년 새롭게 태어나는 드라마틱한 도시이기 때문이다.

서울이란 명칭은 순수한 한국의 고유어이다. 2천 년 전 우크라이나의 스텝 초원지역에서 꽃피운 눈부신 황금문화인 스키타이(Scythai) 문화가 전해진 한반도의 고대 왕국인 신라(Silla)는 수도의 명칭이 '서라벌'이었다. 지금은 한자식 표기인 '경주'로 불리는 '서라벌'은 '서울'처럼 한국의 고유어였다. '서라벌'은 '새로운 벌판'이란 의미이다.

한국의 수도인 '서울'에서 '서'는 '새로운'이란 뜻이 있다. 그리고 '울'은 '울타리', 즉 '경계'라는 뜻을 갖고 있다. 즉 순수한 한국의 고유어인 '서울'에는 '새로운 울타리를 친 도시'이라는 의미가 들어 있다.

'새로움'이라는 신선한 의미가 들어 있는 K-POP의 수도인 서울은 매일, 매달, 매년 새롭고 드라마틱한 일들로 가득한 마법 같은 콘텐츠와 흥미로운 스토리로 가득한 도시이다.

그래서 이 책의 저자들은 '서울에서 가장 새롭게 변한 관광 1번지'이며 '서울의 관광특구'인 잠실의 드넓은 공간으로, 관광객 여러분들을 안내하기로 했다.

이제부터 여러분들은 '한국에서 가장 높은 빌딩'과 '서울 관광 최대의 랜드마크'인 '롯데 월드 타워'가 위치한 국제 관광 도시 송파를 중심으로 하는 새롭고(New) 즐겁고(fun) 럭셔리(Luxury) 한 서울 관광 프로그램을 즐기게 될 것이다.

2. 이 책을 가장 잘 활용하는 두 번째 꿀팁!

이 책의 저자들은, '서울의 구시가지와 신시가지를 타원형으로 순환하는 유일한 지하철'인 '지하철 2호선'을 최대한 활용해서, 서울을 가장 효율적이고 안전하게 관광하는 코스인 '관광서킷'(Tour Circuit)을 소개한다.

만약 국내외에서 서울을 처음 방문하는 한류 관광객들이 '한국에서 가장 높은 빌딩'과 '서울 관광 최대의 랜드마크'인 롯데 월드 타워와 롯데 월드 몰이 위치하고 있는 송파구 잠실역에서 지하철 2호선에 탑승하면, 서울의 핫(Hot)한 신시가지 관광(가수 싸이의 〈강남 스타일〉 조형물 · 코엑스 몰 · 봉은사 · 선정릉)과 서울의 핫한 구시가지 관광(덕수궁 · 성공회대성당 · 경복궁 · 청계천)이 지하철 2호선의 역들을 통해 아주 쉽게 연결된다는 사실을 알게 될 것이다.

그리고 나머지 구시가지 관광(창덕궁 · 창경궁 · 청와대 · 북촌 근대 한옥마을 · 운현궁 · 익선동)도 지하철 2호선의 을지로3가역에서 단 1회만 환승해서 지하철 3호선의 안국역에서 하차하면, 도보로 모든 여행이 가능하다는 사실도 알게 된다.

3. 이 책을 가장 잘 활용하는 세 번째 꿀팁!

이 책의 '특별부록'인 제3부는 BTS 관광성지가 된 강릉과 삼척의 해변으로 안내한다. 그곳에서 BTS에 환호하는 한류 팬들의 열기를 느껴 보길 바란다. BTS 관광성지가 있는 주문진 해변과 삼척의 맹방해수욕장을 둘러보고 근처에 있는 유명한 관광명소도 찾아갈 수 있을 것이다.

| 프롤로그 |

Music washes away from the soul the dust of everyday Life
음악은 영혼에 쌓인 일상의 먼지를 씻어낸다
베르톨드 아우어바흐 (독일 작가)

안녕하세요?

저는 우크라이나에서 온 BTS 아미 마리나입니다.

비록 지금은 러시아의 침공으로 인해 많은 도시가 폐허로 변해 버리고 말았지만, 제 고향 우크라이나는 비옥하고 드넓은 들판에 사시사철 향기로운 꽃과 신선한 과일로 가득한 유럽의 살기 좋은 나라였습니다.

우크라이나는 '세계의 3대 곡창지대'로 유명한 광활한 흑토(체르노잼)지대에서 황금빛 밀과 옥수수와 해바라기와 유채가 생산되는 풍요로운 자연환경을 갖고 있습니다. 그곳에서 태어난 저는 한창 꿈 많은 청소년기인 중학생 시절에 BTS의 나라인 한국을 알게 되었고, BTS 아미가 되었습니다.

질풍노도의 사춘기 시절이었던 그때. 저희 가족이 살고 있던 우크라이나 동부의 돈바스 지역에서도 간간이 포성이 울리는 전투가 있었습니다. 왜냐하면 2014년, 러시아가 갑자기 우크라이나의 크림반도를 침공했기 때문입니다.

십대의 사춘기 소녀였던 저는 이미 그때부터 불안한 일상 속에서 불길한 예감을 느껴야 했고, 태어나서 처음 겪어야 하는 그러한 상황들은 저를 무척이나 힘들게 했습니다. 그러나 중학교 절친을 통해 알게 된 한국의 보이 그룹인 BTS의 노래와 춤은 새로운 꿈을 심어 주었습니다. 저와 여중생 친구들의 여린 영혼을 우울하게 만들었던 수많은 마음의 먼지들을 말끔히 씻어주었을 뿐 아니라, 불확실한 미래의 삶에 대한 담대한 용기와 가슴 벅찬 희망을 꿈꿀 수 있는 소중한 기회, 그리고 유성의 섬광처럼 빛나는 영감과 뜨거운 열정을 선물해 주었습니다.

그래서 저는 굳은 의지를 갖고 더욱 열심히 공부해서 우크라이나 수도인 키이우(Kyiv)의 보고몰렛 의학대학교(Bogomolets National University)에 합격해서 전액 장학금으로 공부할 수 있었고, 또 지금은 한국의 대학원에서 석사과정을 열심히 공부하고 있습니다.

이역만리 머나먼 우크라이나에서 온 저처럼, 한국의 노래와 한국의 음식과 한국의 다양한 문화를 사랑하는 BTS 아미는, 현재 전세계 197개국에서 활동하고 있습니다.

이번에 제가 이 글을 쓰게 된 첫 번째 이유는, 코로나19 팬데믹이 끝난 후 한국을 꼭 방문하고 싶어하는 BTS 아미들과 전세계의 한류 팬들에게 한국에 대해 좀 더 퀄리티 높은 역사 · 문화 · 관광 정보를 드리기 위해서입니다.

두 번째 이유는, 많은 한국인들이 '앞으로 한국을 방문할 전세계의 다양한 BTS 아미들과 어떻게 소통하고 공감하는 게 바람직한 것인지'에 대해 좀 더 자세히 말씀드리고 싶기 때문입니다.

저도 전세계에서 활동하고 있는 수많은 BTS 아미들과 마찬가지로,

K드라마와 K-POP을 보고 들으면서 갖게 된 한국에 대한 강렬한 호기심과 따뜻한 친근감을 마음속 깊이 간직한 채 한국행 비행기에 몸을 실었습니다.

저는 20세가 되던 2019년에 용감하게 서울을 홀로 방문했습니다. 한글도 몰랐고, 또 한국어도 잘 말할 수 없는 저에게는 엄청 큰 용기가 필요한 일이었습니다.

그때 저는 1주일 동안 서울에 머물면서 한국의 다양한 음식과 문화를 체험하는 독특한 경험을 하였고, 저는 한국에 대해 제 마음속에 영원히 잊을 수 없는 강렬한 인상을 받았습니다. 한국에 꼭 다시 돌아오고 싶었습니다. 결국 2020년 8월 13일. 저는 부모님의 강력한 반대를 무릎 쓴 채 서울로 다시 돌아왔습니다.

외동딸인 제가 도대체 왜? 부모님의 거센 반대와 온갖 역경을 무릅쓰고 1만km 이상이나 떨어진 머나먼 이국땅으로 다시 돌아왔을까요? 도대체 한국의 어떤 점에 매료되었기에 한국에서 저의 20대를 새롭게 설계하겠다고 굳게 결심하게 되었을까요?

지금까지 한국에서 만난 많은 기성세대분들은 한류를 사랑하는 BTS 아미들의 이러한 현상에 대해 신기해하기도 하고, 또 의아해하기도 합니다.

그분들은 오직 한국에 대한 뜨거운 애정 하나만 들고 무작정 찾아온 저희들을, 도대체 어떻게 대해야 하는지? 저희들과 도대체 어떻게 소통해야 하는지? 일면 불안해하고, 일면 당혹해하기도 합니다. 그래서 저는 그런 분들에게 당당하게 말씀드렸습니다.

“한국문화를 진실로 사랑하는 따뜻한 마음을 간직한 전세계의 수많은 청년들이, 지금처럼 자발적으로 자비를 들여 무리를 지어 몰려오는 경우가, 과연 이전에도 있었나요?”

이것은 정말 중요한 핵심입니다. 이웃나라인 일본과 마찬가지로, 현재 한국은 '전세계에서 출산율 꼴찌'인 '저출산 고령화 국가'이지 않습니까?

그래서 저는 오히려 지금이, 화산의 마그마처럼 뜨거운 열정과 재기발랄한 끼와 다양한 재능을 소유한 글로벌 인재들을 한국으로 유치할 수 있는 절호의 기회라고 생각합니다.

만약 한국을 사랑해서 스스로 자신의 돈을 들여 한국으로 찾아오는 글로벌 인재들이 한국에 제대로 정착할 수만 있다면, 이것은 현재 저출산 고령화로 인해 급속히 늙어가고 있는 대한민국에 급박한 난제를 해결하는 청신호가 될 수도 있지 아닐까요?

저는 우크라이나의 수도 키이우에서 의학대학을 열심히 다녔지만, 지금은 한국에 정착하기 위해 한국의 대학원에서 '라이프스타일 의학' 석사과정을 열심히 전공하고 있고, 또 한약 연구실에서 하얀 가운을 입고 한국의 약초에 관한 다양한 수업도 들었습니다. 저는 한국에서 당당한 직업을 가진 커리어 우먼이 되어 한국 사회의 일원으로 살려는 꿈을 조금씩 키워 나가고 있습니다.

제가 한국에서 생활하면서 지금처럼 한국의 다양한 문화에 대해 좀 더 속깊이 알게 되고, 이해의 폭을 좀 더 넓힐 수 있게 된 것은, 이 책의 공동 저자인 '정준 작가님과의 만남' 덕분입니다.

제가 한국을 처음 방문했을 때는 서울에서 1주일 동안 머물면서 서울에 대해 수박 겉핥기 식으로만 배웠습니다. 다시 서울로 유학 온 후에는 덕성여대 어학당에서 한국어를 배우면서 친구들과 함께 한국의 여러 지역을 많이 여행했습니다. 그러나 그것도 한국을 주마간산처럼 여행하는 것일 뿐이었습니다.

정준 작가님과 함께 이 책의 원고를 쓰기 위해 서울의 골목과 동해안의 해변을 심도 깊게 답사하면서, 비로소 한국의 문화에 대한 생각이 폭넓게 확대되는 새로운 경험을 하게 되었습니다.

이제야 비로소 K-POP의 나라인 한국의 겉모습이 아니라, 한국의 다양한 문화와 한국인의 내면 깊숙한 곳에 있는 정서에 대해서도 좀 더 많이 이해하게 되었습니다.

또한 저는 유라시아 대륙의 동쪽 끝에 있는 '조용한 아침의 나라'였던 한국이 세계가 부러워하는 'K-컬처의 나라'로 발전한 이면에는 너무도 힘겨웠던 일제 강점기와 참혹한 6 · 25전쟁을 겪고 '지구상에서 가장 빈곤한 국가'로 전락했던 경험이 있다는 것을 알게 되었습니다. 그러나 한국인들은 〈오징어 게임〉처럼 불퇴전의 용기와 불사조 같은 투혼으로 극복해 온 것 같습니다.

우크라이나 전쟁 때문에 무척 힘들고 슬펐던 저는 이러한 내용을 공부하면서 많은 위로를 받았고, 새로운 용기를 낼 수 있었고, 내면의 열정이 더욱 뜨거워지는 것을 느낄 수 있었습니다.

역시 세상은 '아는 만큼 보이고, 느끼는 만큼 배우는 것' 같습니다.

그래서 저는 미래에 한국을 방문할 수많은 한류 팬들과 BTS 아미 여러분들도 '인생의 좋은 멘토'가 될 수 있는 한국인을 꼭 만나게 되기를 두 손 모아 기원 드립니다.

그리고 가슴 따뜻한 정(情)의 문화를 향유하고 있는 한국의 다정한 많은 분들께서, '한국을 사랑하는 국내외 한류 팬들과 BTS 아미들을 위한 좋은 멘토'가 되어 주시기를 간곡히 부탁드립니다.

제 글을 읽어 주셔서 감사합니다.

2023년 가을.

우크라이나에서 온 BTS 아미 대학원생

마리나 시모넨코(Maryna Simonenko)

제1부

지하철 2호선으로 떠나는 HOT 신도심 관광

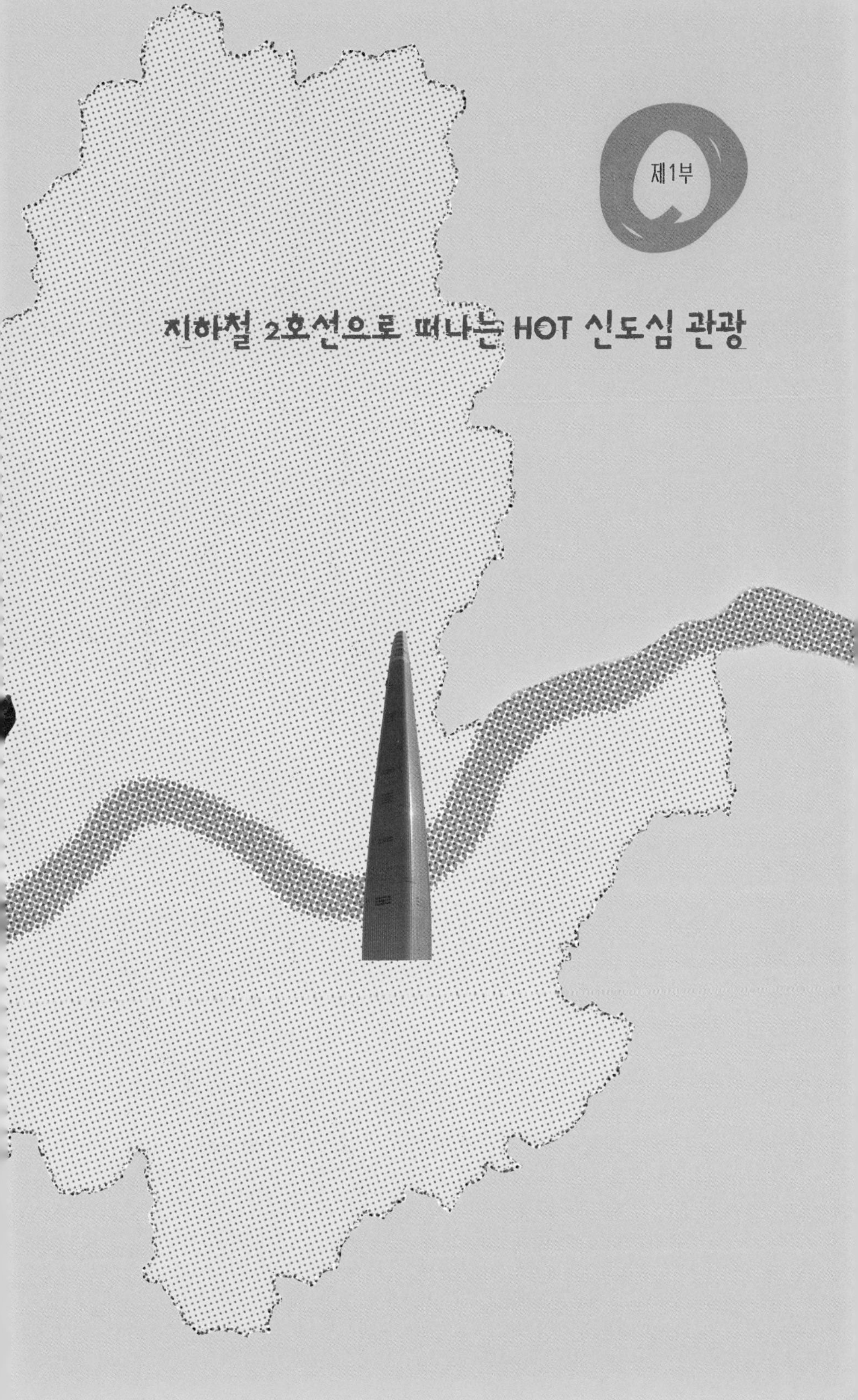

1

내 인생에 영감을 준 BTS의 감동적인 노래들

비행기 안은 어두컴컴했다. 막 잠에서 깬 나는 유리창에 붙어 있는 작은 가림막을 옆으로 살짝 밀어 보았다.

맹렬하게 솟구치는 분수의 물줄기처럼 눈부신 햇살이 순식간에 비행기 안으로 밀려 들어온다.

벌써 날이 밝은 것이다.

2020년이었다.

나는 우크라이나의 수도 키이우(Kyiv)에서 비행기에 몸을 실었다. 그리고 이스탄불에서 다른 비행기로 갈아탔다. 한국에서 시차 적응을 잘하기 위해 오랫동안 잠을 자지 않고 영화를 보고 음악을 들으며 악착같이 버텼다. 그러던 어느 순간 나도 모르게 깊은 꿈나라 속으로 빠져들고 말았다.

나는 조심스럽게 가림막을 끝까지 젖히고, 유리창 밖을 내다보았다. 호수처럼 잔잔한 사파이어 빛깔의 물 위에 보석처럼 작은 섬들이 점점이 떠 있는 서해 바다가 비행기 아래로 내려다보였다. 인천국제공항에 도착할 시간이 점점 가까워지고 있었다. 잠시 후면 내가 꿈에 그리던 한국에 도착하게 될 것이다.

나는 2019년에 한국에서 1주일 동안 혼자 여행한 적이 있다. 그때 우크라이나로 돌아가는 비행기 안에서 '꼭 한국으로 돌아오겠다'고 마음속으로 굳게 결심했다.

나는 우크라이나의 키이우에서 각고의 노력 끝에 한국으로 유학 가는 장학금 프로그램인 KGSP(Korean Government Scholarship Program)에 합격했고, 결국 나는 한국행 비행기에 다시 몸을 싣게 되었다.

'유럽의 빵 공장'으로 불리우는 우크라이나. 그 우크라이나의 동부에 위치한 코스티얀티니프카에서 나는 태어났다. 코스티얀티니프카는 도네츠크 주에 있는 도시다. 러시아와 치열한 전투를 벌이고 있는 돈바스 지역에 속해 있다. 코스티얀티니프카는 철 · 아연 · 강철 · 유리 등이 많이 생산되는 공업도시다.

코스티얀티니프카의 도심에는 아름다운 크리비토레츠 강이 유유히 흐르고 있다. 그래서 나는 어린시절에 아버지와 함께 크리비토레츠 강 에서 낚시로 물고기를 잡으며 즐거운 시간을 보낸 아름다운 추억을 갖고 있다.

비옥한 흑토(채르노잼)가 지평선 너머까지 끝없이 펼쳐지는 '유럽의 곡창지역'인 우크라이나에서 많은 사람들이 황금빛 밀과 해바라기와 유채와 옥수수 농사를 지으면서 조용하고 평화로운 삶을 보내고 있다.

광활한 들판과 울창한 숲이 지평선 너머까지 끝없이 이어지는 우크라이나는 공기가 무척 맑다. 밤이 되면 헤아릴 수 없을 정도로 수많은

우크라이나의 황금들판

우크라이나의 국화(國花)인 해바라기

별들이 캄캄한 어둠 속에서 영롱하게 빛나는 아름다운 장관을 볼 수 있다. 그래서 우크라이나에서는 시간이 유달리 천천히 흘렀고, 또 느긋한 마음으로 여유로운 전원생활을 즐길 수 있었다.

2013년 어느 날 오후였다.

나는 평소에 가깝게 지내던 중학생 친구들과 함께 친구집에 모여, 이런저런 수다를 떨면서 즐거운 시간을 보내고 있었다. 그런데 어느 친구가 인터넷을 검색하더니 어느 보이그룹의 뮤직 비디오를 보여주는 게 아닌가?

'어, 이건 뭐지?'

바로 BTS(방탄소년단)였다. 그동안 나와 친구들은 유럽에서 활동하는 가수들이나 우크라이나 가수들의 노래만 들었다. 10대 소녀들인 우리가 알고 있는 아시아의 나라는 오직 중국과 일본뿐이었다. 그런데 생기발랄한 우크라이나 여중생들의 마음을 단번에 사로잡은 뮤직 비디오의 주인공들인 BTS가 한국이라는 나라의 보이그룹이라는 거였다.

그날, 우리들이 전혀 알지 못했던, 머나먼 나라의 보이 그룹 BTS는 그 뮤직비디오에서 이렇게 노래했다.

……We are bulletproof
Bulletproof……

학교 대신 연습실에서 밤새 춤을 추고 노래 불렀네
너희가 놀 때, 난 꿈을 집도하며 잠을 참아 가며
매일 밤새 불펜을 잡네 아침 해가 뜬 뒤에 나 눈을 감네
이중 잣대와 수많은 반대 속에서 깨부숴 버린 나의 한계

Everywhere I go,

everything I do

나 보여줄게 칼을 갈아 왔던 만큼
날 무시하던 많은 사람들 이젠

Oh-oh-oh, oh-oh-oh, we shout it out
Oh 나만치 해 봤다면 돌을 던져

We go hard 우린 겁이 없어

Click click, bang bang, we just sing it like

힙부심뿐인 형들은 불가능하다 했지 But
똑똑히 봐 이걸 impossible에 마침표
찍어 I'm possible 자 이제 됐니 Boy

우리는 큰 충격을 받았다.

물론 지금 이 시간에도 전세계에서 수많은 보이그룹과 걸그룹들이 '바늘귀를 뚫는 낙타'와 같은 치열한 경쟁을 뚫고 데뷔를 하고 있다. 그런데 우리들이 보기에 BTS는 그들과 전혀 다른 문화를 가진 정말 독특하고 신선한 보이 그룹이었다.

수많은 아이돌 그룹들이 TV방송과 SNS에서 천편일률적으로 사랑 · 우정 · 눈물 · 이별을 노래한다. BTS도 사랑과 우정의 노래를 불렀지만, 일반적인 아이돌 그룹과는 크게 달랐다.

그들은 마그마처럼 솟구치는 열정, 끊임없는 성장, 그리고 무모하지만 순수한 청춘의 도전을 노래했다. 아니, 그들은 단순히 노래를 부르는 것만이 아니었다. 그들은 우리의 손을 잡고, 우리와 함께 이야기하고 있었다.

우리들은 아직 다듬어지지 않았고, 우리들의 삶의 방향이 아직 확실하게 보이지는 않지만, 함께 용기를 내고, 함께 꿈을 이야기하고, 함께 상처를 치유해 가면서, 서로의 가슴을 따뜻하게 보듬자는 따뜻한 위로의 말을 전하고 있었다.

BTS는 충격 그 자체였다.

영국의 비틀즈도 초기의 음악은 거칠고 다듬어지지 않은 로큰롤 음악을 하는 록밴드였다. 마치 BTS가 처음 데뷔했을 때 힙합적인 요소가 많이 있는 퍼포먼스와 강렬한 비트가 있는 음악을 했던 것처럼.

BTS가 아직 미숙하고 다듬어지지 않은 거친 10대의 모습으로 세상에 처음 모습을 드러냈을 때, 나도 우크라이나에서 불확실한 미래를 바라보던 미숙한 존재였다. 때로는 방황하고, 때로는 꿈을 꾸고, 또 때로는 가슴 아파하던 10대 중반의 평범한 중학생 소녀였다.

그때는 이미 러시아가 크림반도에서 전쟁을 하고 있을 때였다. 러시아와 가까운 국경지대인 우크라이나의 돈바스 지역에서도 전투가 한창이었다. 돈바스 지역과 가까운 도네츠크 주 역시 안전할 수 없었다. 나는 밤늦은 시각에도 간간이 들려오는 포성소리를 들으며 불안한 마음으로 잠자리에 들어야 했다.

나의 미래는 불확실했고, 그래서 우울했다.

바로 그즈음에 BTS를 만난 것이다. 10대 후반에서 20대 초반의 멤버들로 구성된 한국의 보이그룹인 BTS가 '우리의 가슴속에 있는 뜨거운 열정과 꿈의 이야기를 함께 나누자'며, 나의 세상에 짠! 하고 등장한 것이다.

BTS는 단순한 보이그룹이 아니었다. BTS는 그 누구도 진지하게 들어 주려고 하지 않는, 그래서 더욱 외로웠던 우리의 가슴속 이야기들을 함께 공감할 수 있는 미지의 나라에서 온 멋진 친구들이었다.

무엇보다 우리들을 매료시킨 〈We Are Bulletproof PT.2〉는 너무나 인상적인 곡이었고, 방탄소년단의 멤버들이 많은 노력과 수고를 아끼지 않았다는 점을 강조하고 있었다.

10대 후반에서 20대 초반의 젊은이였던 그들은 자신들의 꿈을 이루기 위해 무척이나 많은 장애물들을 통과해야 했고, 인생의 행로에서 결코 멈추지 말아야 했고, 다들 그들을 믿지 않았을 때도, 포기하지 않았고, 이른 아침부터 늦은 밤까지 열심히 땀과 눈물을 아낌없이 흘려야 했다.

어느새 BTS는 노래를 잘하고 춤을 잘 추는 일반적인 보이그룹이 아니라, '나에게 많은 영감(inspiration)과 열정(passion)과 용기(courage)를 주는 영혼의 아티스트'가 되었다. 나도 'BTS처럼 미래의 꿈을 향해 용감하게 행동하고 굳은 의지로 무장한 강한 사람이 되고 싶다'는 간절한 마음이 새록새록 생기기 시작했다.

'되돌아보지 않기! 주저하지 말기! 설혹 나를 믿지 않아도, 결코 포기하지 말기! 나 스스로 자신의 능력을 믿고, 항상 도전하는 용감한 모습으로 내 인생을 개척하고 싶다'는 생각이, 나를 점점 더 강하게 만들었다. 만약 그렇게 노력한다면, 나의 인생에서 이루지 못할 것이 없지 않을까? 세계적인 발명가 에디슨은 '천재는 1%의 영감과 99%의 노력으로 이루어진다'고 하지 않았던가?

내가 BTS를 좋아하는 가장 큰 이유는 바로, '삶을 살아가는 방식에 대한 신성한 영감과 새로운 열정과 뜻밖의 용기'를 나에게 선물해주었기 때문이다.

우리들은 그때 BTS의 2013년 타이틀 곡인 〈No More Dream〉을 처음 감상했다. 그리고 〈We Are Bulletproof PT.2〉를 들으며 BTS에 더욱 매료되었다. 〈We Are Bulletproof PT.2〉는 BTS의 '학교 시리즈' 데

뷔 싱글앨범인《2 COOL 4 SKOOL》의 수록곡이다.

BTS를 만난 2013년부터 나는 '내가 이 세상에서 혼자 버티고 있다'는 생각이 단 한번도 들지 않았다. 그리고 다들 나의 꿈을 믿어 주지 않아도 나는 나의 꿈을 굳게 믿고, 꿈을 이루기 위해 착실하게 전진할 수 있었다. 마치 남들이 알지 못하는 '나만의 GPS인 7G를 가진 사람'처럼.

"BTS가 할 수 있기 때문에, 마리나! 너도 할 수 있어!"

우크라이나에서 어렵고 힘든 일들이 생길 때마다 이런 말을 나 자신에게 주문처럼 외우면, 새로운 용기와 굳은 의지가 마음속에 샘물처럼 힘차게 솟아오르는 마법 같은 순간을 강하게 느낄 수 있었다.

나는 우크라이나에서 생활하면서 나쁜 일이 생겼을 때도, 힘들고 슬픈 일이 생겼을 때도, BTS의 노래를 들으면 언제나 기뻤고 언제나 행복했다. 그래서 중학생 시절부터 우크라이나에서 BTS 아미(ARMY)가 되어 언제나 BTS를 열정적으로 응원했다. BTS가 상을 받았을 때는 마치 내가 상을 받은 것처럼 깡충깡충 뛸 듯이 기뻤다.

한창 사춘기 소녀 시절을 보낼 때인 14살 때 친구들과 함께 BTS의 아미가 되어 다양한 활동을 벌인 일들은 지금도 잊혀지지 않는다. 그 중에서도 'BTS 2주년'을 특별히 기념하는 활동을 열정적으로 했던 순간을 지금도 생생히 기억한다.

나는 'BTS 2주년'을 기념하기 위해 친구들과 함께 즐거운 파티를 열었다. 축하하는 마음을 담아 직접 포스터를 그려 붙이고, 멋진 케이크도 함께 구웠다. 그리고 BTS에게 축하 편지를 쓰고, 우크라이나에서 한국으로 그 편지들을 직접 발송했다. 그건 정말 멋진 경험이었다. 우크라이나의 열정 가득한 10대 소녀들이 정성을 다해 한 자 한 자 꾹꾹 눌러 쓴 그 편지들은 BTS 멤버들에게 직접 배달되었을까? 또 BTS 멤버들은 우크라이나의 소녀팬들이 우정과 사랑을 가득 담아 보낸 가슴

BTS 2주년 기념으로 보낸 편지

설레는 편지들을 읽어 보았을까?

2021년부터 2022년에는 BTS의 생일을 맞이해서 특별한 일이 벌어졌다. 우크라이나의 수도인 키이우에서 가장 큰 굴리베르(Gulliver) 백화점에서 BTS 생일을 축하하는 대규모 축제를 연 것이다. 그때 우크라이나의 BTS 아미인 'UAverse'와 수많은 우크라이나의 젊은이들은 돈을 모아 굴리베르 백화점 벽면에 BTS의 생일을 축하하는 초대형 영상과 사진을 올렸고, 대규모 공연도 진행했다.

중학생 시절의 마리나와 친구

전세계의 비틀즈 팬들이 그들의 노래만 좋아한 것이 아니라, 비틀즈가 창의적으로 만든 청춘의 문화를 좋아한 것처럼 우리들도 BTS

우크라이나 아미들이 촬영한 사진.
위 RM(김남준)에서부터 시계 방향으로
Jin(김석진), Suga(민윤기),
J-HOPE(정호석), Jimin(박지민),
V(김태형), Jungkook(전정국)

와 지난 10년 동안 공유하고 소통해 온 청춘의 문화를 사랑한다. 비록 BTS와 우리 아미들은 전세계 197개 국가에서 서로 떨어져 있지만, 우리들의 마음은 이심전심으로 서로 긴밀하게 연결되어 있는 소울메이트(Soul Mate)들이다. 우리는 서로를 마음속으로 격려하고, 위로하고, 용기를 주면서, 함께 성장하고 있다.

그렇다! 우리 BTS 아미들이 각기 다른 나라에서 서로 떨어져 살고 있어도 '서로 깊은 유대감과 연대감을 가지고 함께 성장하고 함께 발전하고 있다'는 사실이 무엇보다도 중요하다.

처음에는 거리의 힙합적인 요소와 거친 퍼포먼스와 강렬한 비트를 가진 음악을 하던 BTS도 점점 성장하면서, 세계의 주류 음악인 팝(POP)과 리듬 앤 블루스(R&D) 등의 요소가 가미된 더욱 세련되고 발전하는 모습을 보여주었다. 불과 14세의 어린 소녀 시절에 BTS와 처음 만난 나 역시 BTS의 노래를 들으면서 몸과 마음이 더욱 성숙한 사람으로 발전하기 시작했다.

아직은 거칠고 다듬어지지 않고 치기어린 소년이었던 그들은 2013년 6월 13일에 최초의 데뷔 음반인《투 쿨 포 스쿨》(2 COOL 4 SKOOL)을 발표했다. 2015년에는《화양연화 파트 1, 파트 2》(The Most Beautiful Moment in Life Part 1, Part 2)를 발표한다.

그들은 새로운 음반을 발표하기 위해 연습실에서 온종일 땀과 눈물을 흘리며 얼마나 많은 의지를 불태웠을까? 우리 BTS 아미들은 한국의 K-POP 아이돌을 만드는 시스템이 얼마나 혹독한지 너무나 잘 알고 있다.

10대의 어린 시절부터 함께 합숙을 하면서 온종일 노래 연습과 춤 연습을 끊임없이 반복하다 보면 하루해가 다 간다고 한다. 그토록 가혹할 정도의 살인적인 스케줄 속에서 마치 기계처럼 노래 연습과 칼군무 연습을 수없이 반복하면서 수 년을 보내야 한다. 그러나 그토록 엄청난 노력을 했음에도 불구하고, 아예 데뷔도 못 한 채 사라져야 하는 수많은 연습생들도 있다. 혹은 데뷔 음반 한 장만 달랑 발표하고는 대중의 기억 속에서 시나브로 잊혀져 가야 하는 경우도 무척 많이 있다. 그처럼 냉혹한 글로벌 가요계에서 그들은 오직 살아남기 위해 얼마나 몸부림쳤을까?

2015년에 BTS가 발표한 음반인 《화양연화 파트 2》(The Most Beautiful Moment in Life Part 2)가 미국의 '빌보드 200'에 171위로 진입했을 때, 아마도 많은 한국인들은 가수 싸이(PSY)의 〈강남스타일〉 뮤직 비디오의 성과를 떠올렸을 것이다.

유튜브 조회수가 44억이라는 경이로운 기록을 세운 가수 싸이의 〈강남 스타일〉도 결국엔 '빌보드 챠트 2위'였다. 한국의 가수들 중에서 싸이 같은 캐릭터가 백 년 안에 다시 나오기 힘든 상황에서, 아마도 한국의 가수들에게 '빌보드 챠트 1위'는 '우주열차 999'를 타고 가도 도달하기 힘든 까마득한 밤하늘의 안드로메다 은하처럼 멀게만 보였을 것이다.

전세계 한류 팬들은 한국의 유명한 3대 기획사를 잘 알고 있다. 방탄소년단은 한국의 유명한 3대 기획사인 SM · JYP · YG의 소속도 아니었다. 그래서 방탄 소년단은 기획사의 럭셔리한 지원을 전혀 받을 수 없는 '흙수저 아이돌'이었다.

BTS는 2016년에 《The Most Beautiful Moment In Life: Young Forever》를 발표했다. 그리고 2017년에 그들만의 끈질긴 노력과 뉴물의 결과물인 《Love Yourself: 承 Her》 앨범과 2018년에 발매된 《Love Yourself 轉 Tear》과 《Love Yourself 結 Answer》 앨범들을 발표했다. 그들은 피나는 연습생을 거친 뒤에도 무려 5년 동안 '고통스런 시간'을 견디고 또 견디고, 버티고 또 버텨낸 것이다.

우리 아미(ARMY)들은 BTS의 그러한 노력과 용기와 투혼이 참으로 고맙고, 소중하고, 감동스럽다. 왜냐하면 우리 BTS 아미들은 그들의 그러한 초인적인 노력을 보면서, 세계 각국에서 다양한 고통과 역경 속에서 꿋꿋하게 성장하고 있는 우리와 BTS 사이에 크나큰 동질감과 깊은 연대감을 마음속 깊이 느끼고 있기 때문이다.

그들이 한국의 중소기획사인 빅 히트(Big Hit)에서 2013년에 최초로 음반을 발매한 지 5년 후인 2018년에 발표한 음반인 《Love Yourself 轉 Tea》가 미국의 음반 차트인 '빌보드 200'에서 기적 같은 1위를 거머 쥐게 되었다. 이렇게 되자 국내외의 많은 뮤지션들이 일제히 BTS를 주목하기 시작했다. 그러나 '우리 아미들은 BTS가 1등을 하기 훨씬 이전인 2013년부터 BTS의 열성적인 팬이었다'는 사실을 꼭 말씀드리고 싶다.

결국 우리들은 BTS와 함께 성장하고 있었고, 또 그것을 함께 즐겼고, BTS의 성취를 함께 기뻐했다. 돌이켜 생각해 보면 BTS의 모든 노래들은 우크라이나의 10대 소녀였던 내가 조금씩 성장하던 중요한 순간들과 긴밀하게 연관되어 있었다.

예를 들면, 2014년에 BTS가 《SKOOL LUV AFFAIR과 DARK&WILD》 앨범들을 발매했을 때, 나는 중학교를 다니면서 불안하게 흔들리던 나의 꿈을 조금씩 키우기 시작하고 있었다. 2015년에 BTS가 《The Most Beautiful Moment In Life, pt.1》과 《pt.2》 앨범들을 발매했을 때, 나는 고등학교에서 열심히 공부하면서 너무나 불확실하지만 꼭 이루고 싶은 나의 꿈을 위해, 내가 걸어가야 할 많은 것들을 차근차근 준비하고 있었다. 그리고 2016년에 BTS가 《The Most Beautiful Moment In Life: Young Forever》를 발매했을 때, 나는 고등학교를 졸업하면서 대학교에 진학할 희망으로 가득 차 있었다.

그후에 BTS의 새로운 앨범인 《WINGS》가 발매될 때, 나는 의사의 꿈을 이루기 위해 키이우에 있는 보고몰렛 의학대학교(Bogomolets Na-

tional University)에 입학했다. 나는 오랫동안 살았던 고향을 떠나 키이우로 이사했고, 기숙사에서 생활하면서 의학공부에 열심히 매진했다.

그 무렵 나는 《WINGS》에 수록된 노래 〈Blood Sweet & Tears〉를 들으면서 많은 마음의 위로를 받았다. 그리고 2017년에 발매된 《WINGS: YOU NEVER WALK ALONE》 앨범은 나에게 크나큰 용기와 격려가 되었다. 특히나 그 앨범에 수록된 곡인 〈Not Today〉는 내 인생의 모토가 될 정도였다.

A day may come when we lose
But it is not today
Today we fight..

오늘은 절대 죽지 마라
빛은 어둠을 뚫고 나가
새 세상 너를 원해

나도 마음속으로, 매일 나 자신에게 이렇게 외쳤다.

마리나!
오늘은 아직, 포기하는 날이 아니야!
오늘도 난, 할 수 있어!

내가 가장 좋아하는 곡 중의 하나는, 《WINGS:YOU NEVER WALK ALONE》 앨범의 수록곡인 〈봄날〉(Spring Day)이다.

〈봄날〉은 정말 봄에 남쪽 들판에서 불어오는 부드러운 산들바람처럼 따뜻하고 희망으로 가득하며 BTS 아미들에게 아주 특별한 음악이라고 생각한다.

보고 싶다 이렇게
말하니까 더 보고 싶다
너희 사진을
보고 있어도 보고 싶다..

You know it all
You're my best friend
아침은 다시 올 거야
어떤 어둠도 어떤 계절도
영원할 순 없으니까

벚꽃이 피나 봐요
이 겨울도 끝이 나요
보고 싶다
보고 싶다

조금만 기다리면
며칠 밤만 더 세우면

만나러 갈게
데리러 갈게

2017년에 《Love Yourself: 承 Her》 앨범과, 2018년에 발매된 《Love

Yourself 轉 Tear》과, 《Love Yourself 結 Answer》 앨범들을 들으면서 나는 '나 자신을 사랑하는 법'을 배웠다. 그래서 그때가 내 인생에서 매우 중요한 시기가 되었다.

내가 스무살이 되던 2019년에는 그해에 발매된《Map of The Soul: PERSONA》 앨범 속에 수록된 다양한 곡들, 특히 〈Heartbeat〉을 들으면서 나는 난생처음 한국 여행을 계획했고, 결국 서울을 방문하게 되었다.

널 만난 건 이 우주가 빚어낸 한편의 드라마 같아
수많았던 헤매임 끝이 보이지가 않던 방황
그 미로 속에서 나를 이끌어준 너
너는 나의 빛이자 나의 구원
이 비도 그쳐가네 이젠 네 손을 놓지 않을래

I wish that you would love me
어제처럼 다시 이 손 놓지 말고

And every time my heart beats
발 맞춰 봐 다시 더는 헤매이지 않도록
운명을 느껴 널 널

2019년에 콩닥콩닥하는 가슴을 안고 생애 최초로 서울을 방문한 스무살의 나는 혼자서 경복궁 · 북촌의 한옥마을 · 남산 등을 방문하고, 떡볶이 · 미역국 · 비빔밥 등 다양한 한국 음식을 먹으면서 한국 문화에 대해 조금씩 알게 되었다.

또 한국 사람들이 친절하게 배려하고 진심으로 도와주는 모습을 통

해서 나는 한국인들의 독특한 문화인 '정'(情)에 대해 조금씩 알아가게 되었다. 그것은 정말 가슴에 오랫동안 남을, 결코 잊을 수 없는 강렬한 경험이었다.

2019년에 나는 한국 여행을 마치고 우크라이나로 귀국을 하면서, '한국에 꼭 다시 돌아오고 싶다'는 마음이 생기기 시작했다.

드디어 2020년.

2020년은 전세계적으로 대단히 우울한 해였다. 중국에서 처음 시작한 코로나19 바이러스가 전 유럽과 세계 각국으로 요원의 불길처럼 삽

시간에 퍼져 나갔다. 14세기에 전 유럽을 집어삼킨 흑사병 같은 팬데믹(Pandemic)이 시작된 것이다. 그러나 나는 그처럼 엄정하고 위험한 시기임에도 불구하고 한국으로 유학을 가기 위한 준비를 열심히 하고 있었다.

우크라이나의 수도인 키이우에서 보고몰렛 의학대학교를 졸업한 후 많은 사람들이 존경하는 의사의 길을 가겠다던 오랜 꿈도, 코로나19 팬데믹으로 인한 생명의 위협도, BTS의 모국인 한국에 대한 강렬한 사랑 앞에서는 모두 다 속절없이 무너졌다.

무남독녀인 나는 부모님의 완강한 반대를 무릅쓰고, 우크라이나 전역에서 한두 명밖에 뽑지 않는, 한국 유학을 위한 장학금 프로그램인 KGSP(Korean Government Scholarship Program)에 지원했다. 그리고 나는 《Map of The Soul 7》 앨범 속의 노래들을 들으면서 큰 용기를 얻었고, 나는 굳은 의지를 갖고 한국에 관한 공부를 더 열심히 했다.

내가 가장 좋아하는 곡 중의 하나인, 〈ON〉(《Map of The Soul: 7》 앨범의 수록곡)의 가사는 이렇게 시작된다.

Bring the pain
No fear, 방법을 알겠으니
작은 것에 Breathe
그건 어둠 속 내 산소와 빛
내가 나이게 하는 것들의 힘
넘어져도 다시 일어나

Scream..

Win no matter what..

네가 뭐라던 누가 뭐라던

I don't give a uhh.."

얼마 후, 나는 한국으로 유학을 가는 장학금 프로그램인 KGSP에 석사학위를 신청하였고, 천신만고 끝에 결국 합격했다.

우와, 만세!

우크라이나의 해바라기를 전세계에 알린 영화 〈해바라기〉

한국의 베이비 붐 세대(1955~1964년 출생한 7백4십만 명)라면 누구나 기억하는 유명한 영화 중 하나가 <해바라기(Sunflower)>이다.

영화 <해바라기>는 동서냉전시대에 구(舊)소련에서 촬영한 최초의 서구 영화로 유명하다. 프랑스와 이탈리아와 구소련이 합작해서 1970년에 제작한 이 영화는, 제2차세계대전이 한창이던 1943년에 우크라이나 전선에서 실종된 이탈리아 밀라노 출신의 남편을 찾기 위해, 나폴리 출신의 아내가 이탈리아 전사자들이 묻혀 있던 드넓은 해바라기 평원을 헤매는 장면이 압권이다.

영화 〈해바라기〉 포스터
(사진출처: DRFA 365 예술극장)

이 영화의 여 주인공은 '이탈리아의 전설적인 여배우' 소피아 로렌(Sophia Loren)이다.

로마가 고향인 그녀는 1951년에 영화 <쿼바디스>로 데뷔해서 큰 인기를 끌었고, 영화 <두 여인>에 출연해서 '칸영화제 여우주연상'과 '헐리우드 최초 비영어권 아카데미 여우주연상'을 받았다.

이 영화에서 최고의 명장면은 사랑하는 남편의 무덤을 찾기 위해 끝없이 펼쳐진 광활한 해바라기 평원을 헤매는 장면이다. 그리고 그때 섬세하면서도 구슬픈 선율을 타고 들려오는 이 영화의 OST 〈사랑의 상실(Loss of Love)〉은 큰 감동을 선사한다. 이 영화 주제곡의 작곡가는 핸리 맨시니(Henry Mancini)인데, 골든 글로브상 1회와 아카데미상 4회와 그래미상 20회를 수상한 세계적인 영화음악의 거장이다.

그런데 많은 사람들이 구소련에 있는 해바라기 평원이라고 알았던 그 장소가, 사실은 우크라이나에 있는 해바라기 평원이다. 해바라기는 우크라이나의 상징 꽃일 뿐 아니라, 전세계로 수출되는 해바라기 씨앗의 반이 우크라이나에서 수확한 것이다.

전세계의 많은 주부들이 부엌에서 사용하는 해바라기 식용유의 원료인 해바라기 씨앗과 카놀라유 식용유의 원료인 유채 씨앗도 대부분이 우크라이나산이다. 우크라이나의 부지런한 농부들이 지평선까지 펼쳐지는 광활한 해바라기 평원과 샛노란 유채꽃 들판에서 생산한 것들이 많은 비중을 차지하고 있다.

2

샤 롯데를 향한 사랑과 낭만

롯데 월드 타워와 롯데 월드 몰

잠실역

2019년에 한국을 처음 방문했을 때만 해도 한국에 대한 나의 인식은 지극히 단편적이고 대강의 외형만 아는 정도였다. 2020년에 한국에 유학 온 뒤에는 많은 한국인들과 함께 생활을 하면서 한국의 문화와 정서에 대해 좀 더 많은 것을 알게 되었다.

이번에 이 책의 원고를 쓰기 위해, 정준 작가님과 함께 다양한 장소들을 답사하고, 또 수많은 사람들을 만나면서, 한국을 보는 나의 시야가 점점 더 넓어지는 것 같아 기분이 좋다. 인터넷으로만 알았던 서울과 한국에 대한 '신선한 재발견'이었다.

지금부터 이 책을 읽는 독자 여러분들은 한국인들조차 잘 알지 못하는 서울의 다양한 이야기를 듣게 될 것이다. 그리고 서울 여행에 대한 기존의 관념을 과감하게 깨뜨리는 '역발상의 신도심 여행'에 대한 새로운 경험도 하게 될 것이다.

사실 서울을 여행하는 한류 팬들이나 BTS 아미들이 처음에 방문하는 장소는 대부분 경복궁이나 덕수궁 같은 서울의 오래된 고궁들이나 혹은 인사동이나 명동이 위치한 구도심이다.

서울을 방문하는 수많은 관광객들은 왜 그처럼 '천편일률적이고 타성에 젖은 구도심 위주의 관광'을 지난 수십 년 동안 지속해 왔을까? 어떻게 생각하면 당연한 것일 수도 있다. 왜냐하면 'K-POP의 메카'인 서울을 소개하는 대부분의 관광 가이드 북들이 천편일률적으로 구도심 관광을 가장 먼저 소개하고 있기 때문이다. 그러다 보니 그러한 자료에 근거해서 서울 관광을 하게 되면, 21세기의 최첨단을 달리는 한국의 수도 서울에 대한 진면목을 느낄 수 없다. 그저 'LP판에 수록된 흘러간 유행가' 같은 과거의 낡은 정보만 느낄 수밖에 없게 된다.

나 역시 2019년에 똑같은 과정을 반복했다. 그때 나는 BTS 아미로 활동하면서 K-POP과 K 드라마에 대해서도 아주 많은 지식을 갖고 있었고, 또 인터넷을 통해 한국과 서울에 관해 많은 정보를 검색할 수 있었다.

그럼에도 불구하고 서울에 처음 도착했을 때, 나도 다른 관광객들과 똑같이 길이 몹시 좁고 복잡한 서울의 구도심에 숙소를 잡았다. 그리고 숙소와 가까운 곳에 있는 덕수궁과 남산과 인사동부터 관광을 하기 시작했다. 그래서 나는 서울의 과거에 관한 정보만 머릿속에 잔뜩 갖고 우크라이나로 돌아갈 수밖에 없었다.

그후 나는 많은 준비를 해서 2020년에 서울로 다시 돌아왔고, 한국에 대해 훨씬 많은 정보를 갖게 되었다. 그때부터 나는 서울을 처음 방문하는 해외 관광객들에게 '정말 다이나믹하고 새롭게 변하고 있는 한국의 서울을 좀 더 쉽고(Easy) 좀 더 재미있게(Fun) 관광할 수 있도록 내가 도울 수는 없을까?' 하고 진지하게 고민하게 되었다. 그러면서 서울 관광의 초심자들에게 '한국의 수도인 서울의 가장 최근의 모습을 훨씬 효율적으로 관광하는 최선의 방법'을 꼭 알려주고 싶다는 강한 의욕이 생겼다.

나는 정준 작가님과 함께 서울의 여러 곳을 일일이 답사하면서, 한국의 흥미로운 문화와 한국인의 독특한 정서에 대해 하나씩 진지하게 배우게 되었다. 그리고 해외의 여행자들에게 꼭 전해주고 싶은 '서울의 진짜 모습'과 '한국인의 진짜 이야기'를 메모하기 시작했다.

나는 때로는 놀라워하고, 또 때로는 감동했다. 무엇보다도 내가 보람이 있었던 것은 정준 작가님과 함께 하는 서울 여행이 무척 즐겁고 행복했다는 것이다. '그래, 이게 진짜 여행이지!' 하는 감탄사가 나올 정도였다.

여행은 수많은 사람들을 즐겁게 하고, 행복을 느끼게 해줘야 한다. 나의 서울 여행이 정말 그랬다. 그래서 그 노하우를 많은 이들에게 알려주기 위해 용기를 내서 이 책에 참여하게 되었다. 그동안 수많은 관광객들이 해왔던 천편일률적이고 타성에 젖은 기존의 서울 여행에 새로운 반란(?)을 일으키게 되리라 믿는다.

자, 이제 '즐거운 한국 여행의 반란'에 동참할 마음의 준비가 되었다면 서울 여행의 패러다임을 새롭게 바꾸는 '즐거운 여행의 반란'을 함께 시작해 보자.

롯데 월드 타워와 석촌호수

서울을 방문하는 많은 사람들이 하나같이 서울의 구시가지에서부터 관광을 시작하는 이유 중 하나는 조선시대의 대표적인 고궁인 경복궁이나 전통 거리인 인사동이 구도심에 위치하고 있기 때문이다. 물론 서울의 경복궁은 베이징의 '자금성'이나 쿄토의 '이조성'처럼 그 나라의 수도를 상징하는 위대한 건축물이다.

그러나 관광객들이 정말 알아야 할 중요한 사실은 경복궁이 건축된 조선시대(1395년)보다 훨씬 이전에 이미 서울은 한반도의 중심이었다는 것이다. 당시 아시아에서 유명한 해상왕국이었던 백제(BC 18~AD 660)의 수도 역시 서울이었다.

지금으로부터 무려 2천여 년 전에 세워진 백제의 수도가 바로 서울이었다고?

그렇다! 서울은 제1대 온조왕(BC 18)부터 475년 문주왕이 웅진으로 천도할 때까지 약 500년 동안 백제의 왕도(王都)였다. 그 시기를 '백제 한성기'라 부른다. 당시 수도로 알려진 위례성이 바로 서울의 한강 이남 지역에 해당한다. 조선 제1대 태조부터 제27대 순종까지 5백여 년 동안 수도였던 조선시대만큼이나 긴 기간 동안 서울은 백제의 수도였다.

그래서 서울의 오랜 역사와 문화의 향기를 올바로 느끼면서 K-POP의 나라인 한국을 제대로 여행하기 위해서는, 중세의 조선시대(1392~1910년)보다 훨씬 오래전인 고대의 백제 시대(BC 18~AD 660)의 왕궁인 '위례성'부터 찾아야 한다. 그곳이 바로 서울의 국제 관광 도시인 송파구 잠실이다.

관광객들이 '위례성' 일대의 유적지를 찾아가는 길은 아주 쉽고 편하다. 그 일대가 지금은 '서울 최대의 랜드마크'인 '롯데 월드 타워'(한국에서 가장 높은 123층 건물)와 '서울의 센트럴 파크'인 '서울 올림픽 공원'이 위치한 서울 최고의 관광명소로 화려하게 변신했기 때문이다.

롯데 월드 타워는 마치 파리의 에펠탑처럼 서울 어느 곳에서나 쉽게 볼 수 있는 한국 최고 높이의 건물이다. '하늘 높이 비상(飛上)하고 싶은 한국인의 오랜 꿈'을 담은 555m 높이의 초현대적인 이 건물은 단순한 건물이 아니다.

롯데 월드 타워는 일제 강점기(1910년~1945년)에 일본 열도에서 고군분투했던 한국인 기업가의 위대한 꿈과 감미로운 사랑과 불굴의 열정이 깃든 마법 같은 '꿈의 월드'이다.

일본에서 오랫동안 사업을 한 재일교포 기업가였던 그가 바로 롯데그룹의 신격호 회장(1922~2020)이다.

신격호 회장의 고향은 울산이다. 울산은 4백여 년 전 임진왜란(1592~1597년) 때 수많은 전쟁 포로들이 일본 구마모토(熊本)로 끌려갔던 곳이다. 세계적인 OTT(글로벌 온라인 동영상 서비스)기업인 애플 TV에서 인기리에 방영한 드라마 〈파친코〉를 보면 수많은 재일교포들 이야기가 나온다.

신격호 회장은 일제 강점기인 1941년에 한국에서 홀로 일본으로 건너가 고생하다가 유명 제과업체의 대표로 성공한 입지전적인 인물이다. 낯설고 물설은 이국땅, 일본에서 수많은 역경과 좌절을 딛고 멋지게 자수성가한 그는 자신의 고향인 한국으로 되돌아왔다. 그리고 한국의 수도인 서울의 하늘 아래에 '지상 최고의 멋진 건물을 건립하겠다'는 원대한 꿈을 조금씩 키워 나갔다.

일본 롯데제과의 신격호 회장이 한국의 구도심인 명동에 한국 최대 규모의 '롯데 쇼핑센타(현재의 롯데 백화점)'를 건립하던 1970년대는 일본에 비해 한국의 경제 상황이 너무나 많이 낙후되고 열악했던 개발도상국 시기였다. 신격호 회장은 언젠가는 자신의 조국인 한국의 수도 서울에 세계인들이 부러워할 만한 '최고 · 최대 · 최상의 초현대식 건물'을 꼭 세우겠다는 원대한 계획을 품고 있었다. 한국전쟁의 폐허

속에서 수없이 좌절하고 절망하면서도 끝내 일어나 경제개발에 박차를 가하고 있던 한국인들에게 '하늘 높이 비상하는 희망'을 선물하고 싶은 심정이었다고 한다.

그의 꿈은 2천여 년 전 고대 백제의 수도 '위례성'이 있던 드넓은 송파구 들판의 한가운데에서 마법처럼 이루어졌다. 이 일대는 〈애국가〉에도 나올 정도로 한국인들이 가장 사랑하는 소나무가 울창한 숲을 이루고 있었기 때문에 송파(松坡 : 소나무 고개)라고 불리던 지역이다. 현재 이곳의 행정구역은 서울시 송파구 잠실동이다.

이곳에 있는 롯데 월드 타워와 롯데 월드 몰을 방문하는 것은 아주 쉽고 편하다. 서울의 신시가지와 구시가지 모두를 긴 타원형으로 순환하는 가장 대중적인 교통수단인 지하철 2호선이 바로 이곳을 경유하기 때문이다. 이 지하철 2호선의 잠실역에서 하차하면 쉽게 롯데 월드 타워와 롯데 월드 몰을 관광할 수 있다.

잠실역은 지하철 2호선에서도 아주 유명한 역이다. 잠실역 일대가 수많은 승용차와 광역버스와 지하철이 거미줄처럼 촘촘하게 연결되는 서울 최대의 교통 요충지이기 때문이다. 게다가 잠실역 주변에는 대규모 아파트 단지와 고급스런 오피스타운과 한강을 가로지르는 잠실대교가 세워져 있다. 이 때문에 한강 남쪽에서 가장 럭셔리한 다운타운이 형성된 곳이다.

그뿐 아니라 잠실역 주변은 일명 '롯데 왕국'이라고 말할 정도로, 롯데그룹에서 건설한 고급스러운 대형 건축물들이 잠실의 대로변에 마치 로마 병사들처럼 위풍당당하게 서 있다. 롯데 호텔, 롯데 백화점, 롯데 마트, 롯데 아일랜드, 롯데 월드 어드벤처, 롯데 캐슬, 샤 롯데 시어터, 롯데 월드 몰, 롯데 월드 타워 등 볼거리도 다양하다. 사실 송파구는 서울에서도 '88올림픽이 개최된 유일한 구'(區)로 유명한데, 송파구의 가장 중심에 위치한 것이 잠실역 일대로 '롯데의 왕국'이 그

핵심에 있다고 하겠다.

지하철 2호선 잠실역에서 하차한 관광객들이 롯데 월드 타워와 롯데 월드 몰로 들어가기 위해서는 두 가지 방법이 있다.

첫 번째 방법은, 잠실역의 지하 1층에서 1번 출구를 통해 지상 1층으로 올라가는 방법이다. 지하철 2호선 잠실역에서 내린 관광객들은 잠실역 지하 1층에서 '1번 출구 표지판'을 찾기 바란다. 1번 출구 표지판이 가리키는 화살표 방향으로 계속 걸어가기만 하면, 왼쪽벽에 크게 부착된 마지막 1번 출구 표시판을 찾을 수 있다. 커다란 대리석 벽에 선명한 노란색 바탕에 검정색으로 적혀 있는 표지판이다. 바로 그 곳에서 에스컬레이트를 타고 지상 1층으로 올라간다. 그러면 롯데 월드 타워와 롯데 월드 몰이 놀랍도록 멋진 모습으로 전세계에서 온 관광객들을 기다리고 있을 것이다.

롯데 월드 몰과 롯데 월드 타워

롯데 월드 몰은 오전 10시 30분에 문을 연다. 정문으로 들어서면, 다음과 같은 광경이 펼쳐진다.

샤 롯데 여왕의 계단

1층 내부에서 정면에 눈부신 황금색으로 화려하게 장식된 계단이 보인다. 이 계단은 유려한 곡선미를 자랑하는 '샤 롯데 여왕의 계단'이다. 그리고 계단 주변에는 지상 1층과 지하 1층에 있는 매장에 대한 정보가 적힌 안내판이 세워져 있다.

롯데 월드 몰 1층 내부

서울 관광의 새로운 아이콘(Icon)으로 떠오른 롯데 월드 몰은 영화관 · 아쿠아리움 · 콘서트 홀 · 레스토랑 · 카페 · 의류 가게 등이 함께 모여 있는 서울 최대의 럭셔리한 복합 쇼핑몰이다. 롯데 월드 몰의 1층 정문으로 들어서면, 에비뉴엘(Avenuel)과

면세점(DUTY FREE)이 있다.

1층 정문 왼쪽에는 세계적인 명품 기업인 루이비통 샵이 있고, 또 오른쪽에는 샤넬 샵이 모습을 드러낸다.

지하철 2호선 잠실역에서 롯데 월드몰로 들어가는 두 번째 방법은 다음과 같다.

잠실역의 1번 출구 표지판이 부착되어 있는 곳에서 에스컬레이터

롯데 월드 타워 전망대를 홍보하는 대형 사진

를 타지 말고, 지하 1층의 정면에 있는 화려한 출입문을 통해 곧장 롯데 월드몰의 지하 1층 안으로 들어가는 것이다.

잠실역의 1번 출구 표지판이 부착되어 있는 바로 그곳에서 정면을 바라보면, 롯데 월드 몰이라는 빨간색 글씨가 영어로 표시되어 있는 화려한 출입문이 보인다. 그 문의 왼쪽에는 롯데 월드 타워의 가장 높은 곳에 위치한 541m의 전망대에서 즐기는 짜릿한 익스트림 스포츠를 홍보하는 대형 사진이 있다. 그리고 오른쪽에는 '전망대 가는 길'이라는 안내 문구가, 한글 · 영어 · 일본어 · 중국어로 친절하게 적혀 있다.

정면에 보이는 문(→)은 관광객들을 롯데 월드 몰 지하 1층으로 곧장 안내하는 문이다. 그 문을 통해 지하 1층으로 들어가면 다음과 같은 광경이 눈앞에 펼쳐진다(↓).

롯데 월드 몰 안내센타

지하 1층 안으로 들어가서 고개를 오른쪽으로 돌리면, 롯데 월드 몰 안내센터가 보인다.

롯데 월드 몰은 2층에서부터 9층까지 아주 다양한 가게들이 모여 있다. 각 층의 에스컬레이트 옆에 세워져 있는 안내판을 참고하면 쉽게 찾아갈 수 있다.

2층에는 고급시계와 보석을 파는 가게들이 있다.

3층에는 럭셔리한 의류들을 파는 가게들이 모여 있다.

4층에는 남성들을 위한 의류가게들이 모여 있다.

5층에는 다양한 잡화와 의류들을 파는 가게들이 있다.

6층에는 와인과 식사를 즐길 수 있는 레스토랑들이 모여 있다. 이곳에서는 롯데 월드 몰 전용인 멋진 엘리베이터를 볼 수 있다.

8층과 9층은 면세점이다.

자, 이제 롯데 월드 몰과 롯데 월드 타워의 내부를 마음껏 탐험하기 바란다. '롯데'는 세계적인 독일의 문호인 요한 볼프강 폰 괴테(1749~1832)의 첫 소설인 『젊은 베르테르의 슬픔』에 등장하는 아름다운 여주인공 '샤 롯데'에서 비롯된 이름이다. 그녀를 사랑했던 재일교포 사업가의 아름다운 꿈과 멋진 낭만과 뜨거운 열정이 느껴질 것이다.

만약 롯데 월드 타워 전망대를 관광하기 원한다면 지하 1층 출입구 부근에 있는 매표소에서 안내를 받으면 된다.

롯데 월드 타워 전망대를 안내하는 캐릭터 인형

전망대에서 내려다본 한강

'롯데' 이름의 유래는?

젊은 시절의 신격호 회장은, 25세의 젊은 괴테가 격정적으로 쓴 소설『젊은 베르테르의 슬픔』에 등장하는 여 주인공 샤를로테와 남 주인공 베르테르의 이야기를 읽고는 대단히 깊은 인상을 받았다.

유럽의 많은 젊은이들이 그 소설의 주인공인 베르테르가 입었던 노란색 조끼와 푸른색 연미복을 따라 입을 정도로 선풍적인 인기를 누린『젊은 베르테르의 슬픔』은, 18세기 최대의 베스트셀러 였다.

신 회장은 일본에서 창업을 할 때 기업의 명칭을 소설『젊은 베르테르의 슬픔』의 매혹적인 여 주인공 샤를로테의 이름에서 유래한 '롯데제과'로 결정했다.

괴테 동상

그리고 '롯데 껌'을 홍보하는 캐치 프레이즈를 결정할 때,『젊은 베르테르의 슬픔』의 매혹적인 여 주인공 샤를로테를 연상시키는 로맨틱한 문구인 '입 속의 연인'으로 결정했다.

관광객들이 롯데 월드 타워의 잔디밭으로 나가면,『젊은 베르테르의 슬픔』을 쓴 독일의 대문호 괴테의 동상을 구경할 수 있다.

이 동상은 독일의 대표적인 신고전주의 조각가인 Frits Schaperdl가1880년에 조각한 작품을 다시 현대적인 감각으로 재해석해서 제작했다. 롯데가 베를린시와 독일 괴테 재단과 함께 건립했다.

괴테 동상이 위치한 뒤쪽의 잔디밭은 특별한 문화 이벤트가 자주 열리는 장소이다. 그리고 토요일에는 PM 7시~PM 8시 30분까지 이 잔디밭 위에서 야간 버스킹(Busking)을 하기도 한다.

또한 구도심의 중심인 명동 입구인 지하철 2호선 '을지로입구역'에 위치한 롯데 백화점을 방문하면, 커다란 벽면에 '샤를로테'의 얼굴이 조각된 모습을 볼 수 있다.

롯데백화점 벽면에 세워진 샤를로테 동상

인천국제공항에서 송파구 잠실로 곧장 가는 가장 빠른 방법

인천국제공항 1층에서 5번 출구로 나오면, 서울의 각 지역으로 이동하는 공항버스(리무진)들이 대기하고 있는 '공항버스 정류장'이 있다.

정류장에 버스 티켓을 파는 매표소가 있다. 그곳에서 '잠실 롯데 호텔'로 가는 티켓을 구입하고, 잠시후 '잠실 롯데 호텔'로 가는 공항버스(6705호)에 탑승하면 된다. 그러면 약 1시간 후에 여러분들은 '잠실 롯데 호텔' 옆에 위치한 공항버스 정류장에 편안하게 하차하게 될 것이다.

인천국제공항 '공항버스 정류장'

여기서 꼭 주의할 점은 롯데 호텔이 서울의 구도심인 을지로 입구에도 위치하고 있기 때문에, 반드시 '잠실 롯데호텔'이라는 사실을 확인하고 표를 사야 하고, 또 버스에 승차할 때도 '잠실 롯데호텔'로 가는 공항버스인지를 확인한 뒤에 버스에 타야 한다는 것이다.

만약 의문이 있다면, 4번 출구 로 나가는 로비에 위치한 '관광 안내소'에 물어보면 친절한 안내를 받을 수 있다.

인천국제공항에서 서울의

신도심인 송파구 잠실로 이동할 때, 공항철도는 이용하지 않는 것이 좋을 것 같다. 왜냐하면 공항철도에 승차하게 되면 중간에 지하철역에서 내려서 2호선으로 갈아타야 하는데, 이동거리도 상당히 멀고 무거운 캐리어를 밀면서 이동하기에는 대단히 불편하다. 그래서 안전하고 쾌적하게 잠실 롯데호텔로 이동할 수 있는 공항버스(리무진)에 승차하는 것이 가장 편리할 것이다.

'잠실 롯데 호텔' 옆에 위치한 공항버스 정류장에 하차하면, 숙박과 식사와 석촌호수 산책과 올림픽 공원 산책 등의 원스톱 관광이 가능한 '방이맛골'이 불과 10분 남짓한 거리에 위치하고 있다. 그리고 그곳에서 5~6분 정도의 거리에는, 서울의 거의 대부분을 지하철 2호선을 타고 편안하게 관광할 수 있는 잠실역이 있다.

공항버스 운행 시간표

3

롯데 백화점에서 한국 전통문화 즐기기

잠실역

롯데 월드 몰과 롯데 월드 타워 관광을 끝낸 후에 한국의 전통 문화를 느끼면서 느긋하게 식사를 즐기고 싶은 분들을 위한 꿀팁을 알려드리려 한다.

안내 데스크

관광을 모두 끝내고 지하 1층으로 내려오면, 사진에서 보는 것처럼 여성 도우미가 근무하는 안내 데스크가 있다.

만약에 찾아가는 길을 좀 더 자세히 알고 싶은 관광객들은 이곳에서 문의하면 된다. 아마도 매우 친절한 여성 도우미들이 자세하게 안내해 줄 것이다.

안내 데스크로 천천히 다가가, 이렇게 질문을 하면 된다.

"롯데 민속박물관에 가고 싶은데, 방법을 가르쳐 주시겠습니까?"

'아니? 식사할 곳을 알려 준다더니 왜 박물관을 찾으라는 거지?'

이상할 것이다. 하지만 전혀 걱정하지 않아도 된다. 왜냐하면 한국의 향토음식을 판매하는 전통 식당들이 모여 있는 유명한 음식의 거리가 바로 롯데 민속박물관과 함께 붙어 있는 '롯데 저자거리'이기 때문이다. 여기에서 '저자'라는 단어는 '시장' 혹은 '시장에 있는 작은 가게들'을 의미하는 말이다.

지금부터 롯데 민속박물관을 가장 쉽게 찾아가는 방법에 대해 자세히 설명해야겠다.

가장 먼저 해야 할 일은 롯데 월드 몰 지하 1층의 안내 데스크 옆에 있는 큰 문을 통해 곧장 밖으로 걸어 나가는 것이다. 이 문은 잠실역에서 내린 사람들을 롯데 월드 타워의 '전망대 매표소'로 곧장 안내하는 가장 넓은 통로이다.

이제 문 밖으로 걸어 나오면, 폭이 넓은 통로가 직선으로 곧게 이어져 있는 모습이 눈앞에 보인다. 그 통로를 따라 계속 걸어가면, 오른쪽에 사람들이 편히 앉아 쉴 수 있도록 의자들을 놓아 둔 곳이 보인다.

조금 더 곧장 걸어가면, '롯데 월드 어드벤처, 롯데 호텔, 롯데 백화점, 롯데 마트' 방향을 표시하는 안내판을 보게 된다. 그리고 조금 더 걸어가면, 왼쪽에 넓은 공간과 함께 아름다운 분수를 볼 수 있다. 그 분수는 영화 〈로마의 휴일〉에서 오드리 헵번의 명연기로 더욱 유명해진 '트레비 분수'를 재현한 것이다.

사람들이 편히 앉아 쉬는 의자들

지하 1층에 있는 트레비 분수

긴 말갈기를 가진 백마와 그리스 로마 신화 속 인물들의 역동적인 모습을 새긴 조각상으로 유명한 그 분수 앞은 언제나 많은 사람들로 붐빈다. 왜냐하면 트레비 분수 오른쪽의 문이 롯데 백화점 지하 1층으로 들어가는 입구이기 때문이다.

만약 롯데 백화점 지상 1층으로 올라간다면, 정문 오른쪽에 역동적인 근육을 가진 백마들이 금방이라도 힘차게 도약하려는 포즈를 취한 '아폴로 분수'를 만날 수 있을 것이다.

롯데백화점 지상 1층에 있는 아폴로 분수

지금까지 걸어오던 방향으로 곧장 걸어가면, 그곳에서부터 길의 폭이 조금 좁아지는 것을 알 수 있다. 롯데 백화점 지하 1층에 있는 쇼핑거리인 '롯데 몰'이 시작되기 때문이다. '롯데 몰'의 좌우에는 예쁜 가게들이 많이 있어서, 그곳에 진열되어 있는 갖가지 상품들을 구경하면서 걷는 재미가 제법 쏠쏠하다.

롯데 몰을 따라 2~3분 정도 걷다 보면, '어드벤처 · 마트 · 민속박물관'이라는 한글과 왼쪽 방향을 가리키는 빨간색 화살표가 새겨진 표시판이 나타난다. 그러면 그곳에서 왼쪽으로 발걸음을 돌리면, 두 개의 큰 기둥이 보인다. 그 기둥 사이로 난

롯데 몰의 예쁜 가게들

롯데월드 어드벤처 캐릭터인 귀여운 너구리 인형

길을 따라 걸어가면, 화려한 롯데월드 어드벤처 홍보물이 여행자의 발길을 잠시 멈추게 한다. 롯데월드 어드벤처의 캐릭터인 깜찍한 너구리 두 마리가 세워져 있다. 그 너구리 인형의 오른쪽과 왼쪽에 있는 길은 모두 롯데월드 어드벤처로 향하는 통로이다.

여기에서 '롯데 민속박물관' 방향으로 가기 위해서는 너구리 인형 바로 뒤쪽에 있는 엘리베이터를 찾으면 된다.

그리고 엘리베이터 옆의 대리석 기둥에는 선명한 검정색 한글로 '3F 민속박물관 저자거리 · 전통 혼례장'이라고 적힌 표지판이 부착되어 있다. 그곳에서 엘리베이트를 타고 3층으로 올라가면, 바로 눈 앞에 롯데월드민속관의 대문이 화려한 모습을 드러낸다.

롯데민속박물관 대문 안으로 곧장 들어가면 오른쪽에는 롯데 민속박물관이 있다. 오른쪽으로 방향을 바꾸면, 바로 오늘의 목적지인 '롯데 저자거리'가 있다.

▲롯데월드 민속박물관 대문
▼민속식당가 롯데 저자거리 입구

그러면 이제부터 '롯데 저자거리' 안에 즐비하게 늘어선 한국의 전통 식당들과 전통적인 구경거리들을 천천히 감상하면서, 당신의 미각을 즐겁게 해줄 메뉴들을 천천히 선택하기 바란다.

그리고 식사를 모두 마친 후에 가벼운 산책을 하면서 한국의 전통 가옥과 왕궁과 민속 자료들을 구경하고 싶으면, 방금 들어온 '롯데민속박물관'의 정문에서 입장권을 구입하면 된다. 아마도 한국의 전통문화와 역사에 대해 알게 되는 신선한 경험을 하게 될 것이다. 특히 서울의 구도심에 있는 '조선시대의 4대 고궁'인 덕수궁 · 경복궁 · 창덕궁 · 창경궁과, 한국의 전통 한옥이 남아 있는 남산골 한옥마을과 운현궁을 관광할 여행자들에게는 미리 한국 전통문화를 접해 보는 유

'롯데 저자거리' 입구와 내부 모습

롯데 월드 민속박물관 매표소

익한 공부가 될 것이다.

한국의 다양한 전통 민속 자료를 재미있게 구경하던 나는 그만 발걸음을 멈췄다. 내 눈을 깜짝 놀라게 하는 전시품 때문이었다. 그것은

백제시대 의상들

바로 신라의 유명한 황금 유물들이었다. 그런데 너무나 놀라운 것은 그 유물들 속에 우크라이나의 박물관에 있는 황금 유물과 똑같은 칼이 있는 게 아닌가?

▲한국인의 전통 의상인 한복
▶봄에 모내기하는 농부들

마을 앞에 세워놓은 두 장승

겨울에 김장하는(김치 담그는) 여성들

결혼식에 말을 타고 가는 신랑과 가마를 타고 가는 신부

정준 작가님께 들은 내용은 다음과 같다.

"한반도의 남동쪽에 있는 계림(鷄林)이란 숲에서 건국한 신라(BC 57~AD 935)는 화려한 황금문화를 가진 고대 유럽의 스키타이(Scythai) 문화와 교류를 했고, 그 영향으로 신라는 한반도에서 가장 화려한 '황금의 국가'로 명성을 떨쳤어요."

황금보검

신라의 금관

나는 우크라이나의 황금 들판에서 꽃을 피웠던 스키타이(Scythai) 문화가 한반도의 신라 문화에 영향을 끼쳤다는 사실을 알고는 무척 놀랐다.

롯데 월드 민속박물관에서는 이 책의 제2부에서 소개할 광화문, 경복궁, 왕비가 생활하는 교태전, 교태전의 유명한 아미산 꽃계단의 굴뚝들, 후원에서 가장 아름다운 연못인 부용지의 모습도 모형으로 재현해 놓아 미리 살펴볼 수 있었다.

위에서부터 시계 방향으로
① 경복궁 근정전
② 광화문
③ 교태전
④ 교태전의 아미산 굴뚝
⑤ 후원의 부용지 연못을 산책하는 국왕

스키타이 문화를 통한 우크라이나와 신라의 문화 교류

나는 2019년부터 한국으로 유학을 할 준비를 하는 동안, '우크라이나와 한국 사이에 어떤 역사적인 교류가 있었는지'에 대해 많은 자료를 찾아보았다. 정말 신기했던 것은, BC 7~BC 3세기 사이에 우크라이나의 스텝(Steppe, 초원) 지대에서 유럽 최초의 기마민족이었던 스키타이(Scythai)의 눈부신 황금문화가 유라시아대륙의 동쪽 끝인 한반도에 있던 신라에까지 전해진 것이었다.

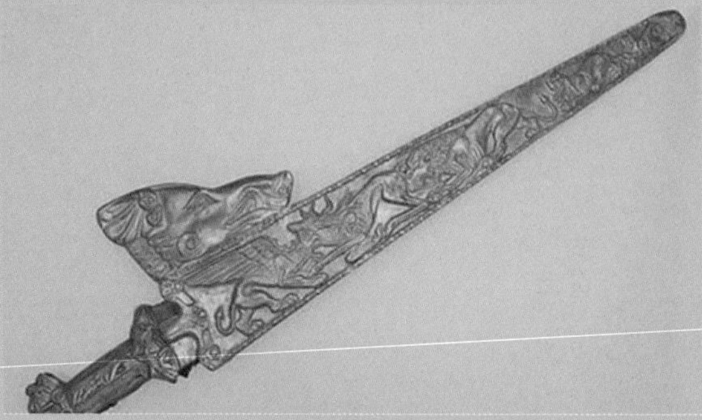

스키타이의 황금 보검

스키타이의 황금 장신구들

스키타이의 스키타이의 황금 장식품

우크라이나의 중심을 흐르는 드니프로 강(Dnipro river) 유역에 있던 카멘스코예(Kamianske) 성은 BC 4세기 무렵에 스키타이의 수도였다. 그래서 우크라이나의 국립역사박물관과 멜리토플 박물관에는 스키타이의 황금 유물들인 황금 보검 · 황금 장신구 · 황금 장식품 등이 많이 보관되어 있었다.

성 미하일 황금 돔 수도원

성 소피아 성당

그뿐 아니라 스키타이 문화를 이어받은 화려한 '황금의 돔'으로 유명한 성 미하일 황금 돔 수도원 · 성 소피아 성당 · 황금문이 있는 우크라이나의 수도 키이우(Kyiv)는 유네스코가 지정한 세계문화유산을 보유한 대단히 유서깊은 문화도시이다.

이처럼 한반도의 3국 중에서 스키타이 문화의 영향을 가장 많이 받은 신라는

황금문

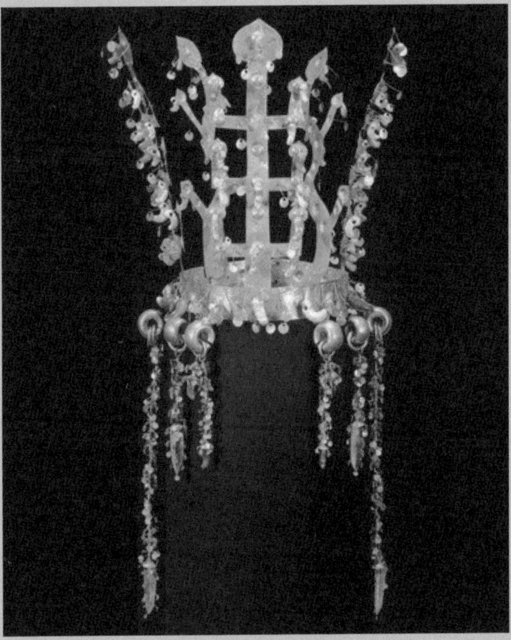

신라 금관

문자 그대로 '황금의 왕국'이었다. 신라에는 화려한 금관을 비롯해서 황금 보검·금 귀걸이·금 반지·금 장식품들이 많이 있었고, 특히 신라 금관에는 스키타이 특유의 기마민족 문양인 사슴과 나무와 새를 형상화한 모양들이 많이 장식되어 있다.

내가 자료를 조사하다가 뜻밖에 알게 된 놀라운 사실이 있다. 2009년에 KBS-TV에서 방영한 <KBS 역사 스페셜 신라 왕족은 정말 흉노의 후예인가?>라는 영상을 보다가 깜짝 놀라고 말았다. 고대 신라인의 일부 DNA가 동양인인 흉노족과 일치하는 것이 아니라, 우크라이나의 스텝(Steppe) 초원지대에 살던 유목민족인 스키타이족과 일치한다는 결과가 나왔다는 거였다. 화려한 황금 문화의 공통성이 우연히 형성된 게 아니라는 확신이 들었다.

4

롯데 월드 타워와 조화를 이룬 힐링 공간

석촌호수

잠실역

'한국 최대의 랜드마크'인 롯데 월드 타워와 롯데 월드 몰이 건립되어 있는 잠실이 원래는 한강변에 자리잡고 있던 작은 섬이었다는 사실을 아는 사람은 많지 않을 거다. 예전에 이곳은 아름다운 한강변의 작은 섬이었고, 사람들과 물건들을 실어 나르는 나룻배들이 머무는 송파나루가 있었다.

그런데 세월이 흐르면서 송파나루로 모여드는 물자들이 점점 많아지고, 또 사람들도 점점 늘어나게 되었다. 그러자 이 일대에는 한강 남쪽의 유일한 상설장터인 '송파시장'이 생기게 되었고, 커다란 창고와 사람들이 머무는 숙소와 음식점들도 많이 지어졌다.

송파나루에 드나들던 나룻배

이렇게 사람과 돈과 물자가 이곳으로 점점 많이 모이게 되자, 문화와 예술도 더불어 발전하게 되었다.

송파나루 장터

결국 사람들은 점점 발전하는 송파 일대에 넓은 땅을 더 확보하기 위해 섬 주변을 매립하기 시작했고, 잠실은 이제 더 이상 한강변의 외로운 섬이 아니라 드넓은 송파 들판과 하

송파시장 모습

나가 되었다.

그리고 이 송파 들판에서 전세계의 유망한 스포츠 선수들을 불러 모은 '88올림픽'이 개최되었다. 올림픽 경기장들이 건설되었고, 롯데 호텔 · 롯데 백화점 · 롯데 아일랜드 · 롯데 월드 어드벤처 · 롯데 월드 타워 같은 대형 건물들이 속속 세워졌다.

그런데 송파구 잠실의 한복판에 하늘 높이 우뚝 솟은 초대형 건물인 롯데 월드 타워 바로 옆에 아름다운 석촌호수가 있다.

석촌호수는 한강변의 작은 섬이었던 잠실을 매립할 때, 섬 주변에 흐르는 '송파강'의 물줄기를 막아서 만들었다. 석촌호수는 '동호'와 '서호'로 이루어졌는데, 공중에서 내려다보면 88올림픽의 상징 숫자인 '8' 모양을 하고 있다.

석촌호수를 모두 한 바퀴 돌면 2.5km인데, 서호에는 롯데에서 건설

석촌호수 서호(서쪽 호수)

한 놀이공원인 '롯데 아일랜드'가 있어서, 드라마틱한 놀이기구인 자이로드롭을 타는 관광객들의 거친 함성과 커다란 환호를 자주 들을 수 있다.

또한 석촌호수에는 다양한 운동기구들이 호수 옆의 공터에 설치되어 있어, 많은 서울 시민들과 호수를 찾아온 관광객들이 함께 운동하는 모습을 볼 수 있다.

마치 야외 헬스클럽을 연상시키는 다양한 운동기구들은 동호와 서호에 모두 설치되어 있는데, 서호에 있는 운동기구들이 좀 더 숫자가 많고 면적도 넓다.

롯데 아일랜드

나는 정준 작가님과 함께 석촌호수를 답사하면서, 한국인들이 동네의 작은 공원 곳곳에 설치되어 있는 운동기구들을 이용해서 열심히 운동하는 모습이 무척 인상적이었다.

나는 석촌호수를 따라 아름답게 조성된 호반 길을 열심히 걷는 한국인들을 바라보면서, 한국인들의 건강에 대한 이러한 열정과 관심 때문에 한국인들의 평균 수명이 일본인들처럼 긴 것 같다는 생각을 하게 되었다.

나는 우크라이나의 수도 키이우의 의학대학에서 4년 동안 의학을 공부했고, 한국의 대학원에서 '라이프 스타일 의학' 석사과정을 전공하고 있는 대학원생이기 때문에 한국인의 라이프 스타일에 많은 관심을 갖고 있다. 또한 육식과 생선을 골고루 먹으면서도 비타민과 무기질이 많이 함유되어 있는 나물을 많이 섭취하는 한국인의 식생활에도 특별한 관심을 가지고 있다.

그래서 나는 풍부한 유산균을 많이 함유하고 있는 한국의 건강식품인 김치를 포함해서, 된장 · 청국장 · 고추장 같은 한국의 전통적인 발효식품에 대해서도 관심이 아주 많다. 특히 한국인들이 매년 겨울에 가족과 함께 김치를 담그는 공동체 문화인 〈김장〉이 유네스코의 세계무형문화유산에 등재된 사실을 알고는 그럴 만하다는 생각을 했다.

석촌호수의 아름다운 호반 길

잠실 유일의 힐링 호수인 이곳에는 하루 종일 다양한 사람들이 방문한다. 이른 아침에는 자신의 건강을 지키기 위해 석촌호수를 걷거나 뛰는 사람들이 많고, 낮에는 잠실역 주변에서 근무하는 직장인들이 점심식사를 마치고 산책하기 위해 오는데, 이때가 사람들이 가장 많은 시간이다. 또 저녁에는 야경을 즐기면서 데이트를 하려는 사람들이 많이 찾아온다. 그리고 석촌호수 주변에는 걷다가 편하게 앉아서 쉴 수 있는 벤치들이 잘 배치되어 있어서 롯데 월드 타워를 구경한 관광객들이 주변의 경관을 감상하면서 쉬기에는 안성맞춤인 힐링의 공간이다.

석촌호수에서는 계절에 맞춰 다양한 이벤트가 펼쳐진다.

2022년 가을에는 거대한 노란색 오리인 '러버덕'을 석촌호수 위에 띄우는 행사가 진행되었다. 네덜란드 출신의 공공예술가인 플로렌테인 호프만이 제작한 것이다.

2022년 10월. 석촌호수 위의 러버덕

이 문화행사는 가을빛에 물든 석촌호수의 맑은 물 위에 높이 18m의 노랑오리를 띄워 놓았다. '러버덕 프로젝트 서울 2022'라는 제목의 설치예술이다.

2007년에 프랑스의 생 나제르에서 최초로 전시를 한 이후 전세계 16개국에서 순회전시하고 있는 공공예술 작품이다. 2014년 10월에 처음 석촌호수에 설치되어 5백만 명의 사람들을 불러 모았다. 그리고 8년 만인 2022년 10월에 서울로 다시 돌아온 노랑오리는 코로나19 팬데믹 때문에 지친 많은 사람들에게 새로운 위안을 선사했다.

석촌호수에서 헤엄치는 오리 가족

석촌호수 위의 노랑오리를 한창 촬영하고 있는데, 호수 건너편에 있던 오리 가족이 러버덕을 향해서 헤엄쳐 오는 모습이 보였다. 자연과 예술이 공존하는 묘한 기분에 사로잡혀 한참 동안 그들을 지켜보았다.

만약 한국의 전통 예술에 관심이 높은 관광객이라면, 서호의 롯데아일랜드 입구 옆에 위치한 '서울놀이마당'을 방문하기를 바란다. 이곳은 매년 봄과 가을의 주말인 토요일과 일요일에 한국의 토속적인 전통예술을 공연한다. 하얀 천막이 허공에 쳐 있고, 천막 아래에는 편하게 앉아서 전통예술 공연을 감상할 수 있는 객석이 잘 준비되어 있다.

미리 인터넷을 통해 공연하는 시간과 공연 제목을 잘 확인하고 간다면, 당신은 한국의 토속적인 분위기가 물씬 풍기는 흥미로운 전통 공연을 즐기는 아주 독특한 체험을 할 수 있을 것이다.

'서울놀이마당' 공연 모습

석촌호수 남쪽에 서 있는 아파트와 레이크 호텔

석촌호수 주변에는 음료수를 마시면서 휴식을 취하기 좋은 예쁜 카페들이 무척 많이 있다. 또한 다양한 음료와 빵을 파는 분위기 좋은 카페들도 많이 있다. 특히 석촌호수에서 남쪽을 바라보면 멋진 아파트와 레이크 호텔 건물들이 나란히 서 있다. 그 도로변에 가면 예쁜 카페들이 줄지어 늘어서 있다. 그래서 편안하게 차를 마시면서 쉬기에 안성맞춤이다.

석촌호수에 붙어 있는 이 카페들은 차도 마시고, 식사도 할 수 있는 장소이다. 그리고 석촌호수 동호의 산책로에 붙어 있는 카페 2층으로 올라가면, '송파구 관광안내소'가 위치하고

송파구 관광안내소

있다. 송파구 관광안내소 건물 옆에도 카페가 붙어 있는데, 이 카페의 야외 의자에 앉으면 석촌호수의 수려한 전경을 한눈에 바라볼 수 있다.

만약 좀 더 제대로 된 식사를 하기 원하는 관광객들은 송파구청 맞은편에 위치한 먹자골목인 '방이맛골'로 들어가면 다양한 식당들을 만날 수 있다. '86아세안 게임'과 '88올림픽'에 참석하는 전세계 관광객들의 숙박과 식사를 위해 특별히 조성된 송파구의 먹자골목이다. 한식 · 일식 · 중식은 물론이고 이탈리아식 파스타와 베트남식 쌀국수를 먹을 수 있는 식당들도 골목에 자리잡고 있다.

특히 '방이맛골'에서 맛볼 수 있는 한국의 특별한 향토음식 중에 '올갱이 정식'이 있다. 이 메뉴는 한국의 전통적인 맛을 간직하고 있으면서 건강에 아주 좋은 한국인의 전통 힐링 푸드로 알려져 있다.

방이맛골 입구

방이맛골의 맛집들

올갱이 정식

올갱이는 한강의 상류인 남한강과 북한강의 맑은 물 속에서 서식하는 아주 작고 앙증맞게 생긴 민물 고동이다. 옛날부터 한국인들은 강에서 올갱이를 채취해 된장을 함께 넣고 끓인 '올갱이 탕'을 자주 해먹었다.

바로 이 식당에서 그 전통의 맛을 느낄 수 있다. 〈올갱이 정식〉이라는 메뉴를 시키면, 곰삭은 시골의 된장에다 갖은 채소를 넣고 함께 끓인 '올갱이 탕'을 밥과

함께 내놓는다. 이뿐 아니라 이색적인 '올갱이 샐러드'와 따끈한 '올갱이 부침개'가 애피타이저로 먼저 나온다.

밥도 일반적인 밥이 아니라, 1인용 작은 솥에 금방 밥을 지은 따끈따끈한 '솥밥'이 함께 나온다. 이 밥은 먹는 방법이 따로 있다. 간단히 소개하자면, 먼저 작은 솥 안에서 뜨거운 김이 모락모락 나는 보슬보슬하고 따끈따끈한 하얀 쌀밥을 밥

그릇에 옮겨 담는다. 그러고 나서 솥 안에 조금 남아 있는 갈색의 누룽지에다 따뜻한 물을 조금 부어 놓는다. 식사가 모두 끝날 때쯤이면 솥 안에서 물과 누룽지가 끓어 구수한 숭늉이 만들어져 있을 것이다. 옛부터 한국인들이 식사 후에 마시는 따뜻하고 구수한 갈색의 숭늉을 맛보는 새로운 체험을 할 수 있다. 어떤 사람들은 이 숭늉을 '코리언 커피'라고 부르기도 한다.

참치 전문식당

두 번째 소개하는 식당은 방이맛골에서 유명한 참치전문 식당인 '오대양 참치'다. 이 식당에서는 깊은 바다에서 잡은 뒤 급속 냉동시킨 신선한 참치의 각종 부위를 가성비 높은 가격으로 제공한다.

이 식당의 세프는 수십 년 동안 참치만 요리한 전문가다. 장인의 포스가 느껴지는 세프의 정성이 가득 담긴 참치요리를 즐기면서 누구나 잠실의 또 다른 매력에 흠뻑 빠지게 된다. 만약 이 식당을 방문하려면, 오후 4시부터 영업을 시작한다는 사실을 꼭 기억해 주길 바란다.

5

동서냉전을 뛰어넘은 88올림픽의 현장

서울 올림픽 공원

잠실역

서울에서 한국인들의 마그마처럼 팔팔 끓는 뜨거운 열정을 가장 많이 느낄 수 있는 장소가 어디일까? 나는 '서울 최대의 랜드마크'인 롯데 월드 타워 인근에 위치한 서울 올림픽 공원이 아닐까 싶다.

숲과 호수와 언덕과 드넓은 잔디밭이 아름답게 펼쳐진 드넓은 서울 올림픽 공원은 역사적으로도 유서 깊은 곳이다. 2천 년 전에 일본의 야마토(大和) 조정과 매우 우호적인 관계를 유지하면서 일본인들에게 다양한 문화를 전파했던 고대 국가 백제의 수도가 이곳에 있었다. 백제인들이 살았던 거주지가 고대 유적지인 '몽촌토성'으로 지금도 남아 있다.

몽촌토성은한반도의 젖줄인 한강 남쪽의 기름진 들판에 세워진 고대의 해상왕국 백제의 유적지다. 서울의 한강 남쪽을 방어하던 남한산성 아래쪽에 있는 야트막한 언덕 위에 세워진 토성이다. 이 토성은 현재 서울 올림픽 공원의 드넓은 부지 내에 포함되어 있다.

나는 서울 올림픽 공원을 자주 산책하는데 방문할 때마다 대한민국이 처음으로 올림픽을 치른 '서울 올림픽'(1988년)의 열정은 물론이고, 2천 년 전에 한강 남쪽의 패권을 장악했던 해상왕국 백제의 유서 깊은 향기까지 동시에 느끼곤 한다.

약 2천 년 전에 만주와 한반도에는 고구려 · 백제 · 신라 세 나라가 존재하고 있었다. 고구려(BC 37~AD 668)는 중국 동북부인 만주와 지금의 북한 지역에 위치했고, 백제(BC 18~AD 660)는 한반도의 중심인 한강유역에 위치했고, 신라(BC 57~AD 935)는 한반도 동남쪽의 유서 깊은 고대 도시인 경주를 중심으로 자리잡고 있었다.

드넓은 만주 일대와 한반도의 북쪽에 위치한 고구려는 말을 잘 타고 철기를 잘 다루는 나라였고, 백제는 서해와 남해를 통해 중국 및 일본 열도와 활발한 경제 교류와 수준 높은 문화 교류를 하던 한반도의 해상왕국이었다. 특히 화려한 금관으로 유명한 신라(Shilla)는, 우크라이나의 스텝(Steppe) 초원지대에서 번영을 누렸던 스키타이(Scythai) 문화와 교류를 했던 황금의 나라였다. 우크라이나어 중에 '신라'(Silla)라는 단어가 있는데, 이 말은 힘(Power)을 의미하고 있다.

나는 정준 작가님의 안내를 받아 '88서울 올림픽'을 개최했던 한국인의 다이나믹한 열기가 아직도 마그마처럼 뜨겁게 끓고 있는 서울 올림픽 공원으로 향했다.

서울 올림픽 공원을 찾아가는 길은 무척 쉽다. 롯데 월드 타워에서 버스 두 정류장 거리의 무척 가까운 거리에 위치하고 있기 때문이다. 만약 롯데 월드 타워에서 큰 도로를 따라 동쪽 방향으로 걸어간다면, 불과 15~20분이면 서울 올림픽 공원의 정문인 '세계 평화의 문'에 도착할 수 있다.

롯데 월드 타워에서 왕복 8차선의 대로를 따라 '세계 평화의 문'쪽으로 걷는 길은 전혀 지루하지가 않다. 올림픽의 주요 종목을 형상화한 다양한 조형물들이 도로 중앙의 화단 곳곳에 세워져 있기 때문이다.

또한 롯데 월드 타워에서 왕복 8차선의 대로를 따라 동쪽 방향에 있는 '세계평화의 문'쪽으로 걷는 길에는 송파구를 상징하는 소나무들이 길게 늘어서 있는 멋진 '소나무 길'이 있다.

그리고 소나무 길이 끝나는 곳의 오른쪽에는 송파구청이 있고, 인도에는 '독서하는 남자' 조형물과 '칠지도'(백제에서 일본에 선물한 고대의 검)가 세워져 있다.

송파구청 맞은편에는 앞에서 말한 '방이맛골'이 있다. '방이맛골'은 서울에서 1986년에 개최한 '아세안 게임'과 1988년에 개최한 '88올림픽' 때 방문하는 외국인 관광객들을 위해 특별히 조성한 관광지구다. 이곳에는 모텔들과 다양한 음식을 요리하는 한식 · 일식 · 중식의 깨끗한 음식점들이 많이 있다.

그렇기 때문에 서울 강남의 핫(HOT)한 신시가지를 관광하기 위해서는 '방이맛골' 부근에 숙소를 정하는 것이 아주 편리하다. 롯데 월드 타워와 서울 올림픽 공원, 가수 싸이의 〈강남 스타일〉 조형물이 세워져 있는 스타필드 코엑스 몰, '유네스코 세계문화유산'인 선정릉, '강남 최대의 전통사찰' 봉은사 등 서울 강남권의 유명 관광 명소를 찾아가기에 편리한 요충지이기 때문이다.

특히 '방이맛골'에서 롯데 월드 타워까지는 도보로 불과 5분 거리이고, 또 서울 올림픽공원까지도 도보로 10분이면 도착한다. 아름다운 석촌호수도 여기에서 도보로 5분 거리에 있고 지하철 2호선의 잠실역도 10분 거리에 위치하고 있다.

그래서 서울을 방문한 외국인 관광객들이 방이맛골 부근에 숙소를 정하게 되면, 먹고 마시고 휴식을 취하는 모든 일들을 원스톱(One Stop)으로 편리하게 해결할 수 있고, 또 이곳에서 한강 북쪽에 있는 '서울의 구시가지'로 이동하기에도 교통이 편리하다.

과거에는 서울의 중심이 한강 북쪽이었다. 그래서 고궁들도 모두 다 한강의 북쪽에 있었었고, 또 근대 이후 개발된 서울의 도심도 한강의 북쪽에 위치하고 있었다.

그러나 20세기 후반부터 아름다운 한강의 남쪽 전원지대에 대규모 택지개발이 시작되면서, 영동 신시가지(강남과 잠실)에 현대식 아파트 단지와 최신형 대형 빌딩들과 넓고 반듯한 도로로 이루어진 고급스런 신시가가지가 빠르게 조성되었다. 이렇게 시작된 '영동 신시가지 개발사업'으로 인해, 서울은 한강 북쪽의 구도심과 한강 남쪽의 신도심으로 확연히 나뉘어지게 되었다.

그후에도 명동은 중국에서 밀려온 단체 관광객들로 인해 예전의 명성을 꽤 오랫동안 유지했다. 그러나 2019년에 시작된 코로나19 팬데믹으로 인해 지난 3년 동안 중국의 단체 관광객들이 썰물처럼 빠져나간 명동은 그야말로 큰 타격을 입고 말았다.

반면에 젊은 관광객들은 길이 복잡하고 도로가 좁은 한강 북쪽의 구도심보다 도로가 넓고 현대적인 볼거리들이 훨씬 많은 한강 남쪽의 신도심을 선호하기도 한다. 이런 사람들은 숙소를 관광특구이자 잠실역이 가까운 송파구의 방이맛골 · 석촌호수 · 롯데 월드 몰 인근에 정하는 게 좋다. 한강 남쪽에 있는 신도심 관광을 먼저하고, 그 다음에 서울을 한 바퀴 순환하는 지하철 2호선을 타고 한강 북쪽에 있는 구도심을 관광하는 것이 훨씬 편하고 쾌적한 서울 관광이 될 것이다.

송파구청 사거리에 있는 첫번째 건널목을 지나서 서울 올림픽 공원이 있는 서쪽 방향으로 1~2분만 걸어가면, 도로 중앙에 레슬링을 하는 두 선수의 조형물이 보인다.

그리고 넓은 인도의 오른편에는 예쁜 화분과 편안한 의자들이 가지런히 놓여 있는 빌딩이 있고, 1층에는 예쁜 카페가 영업을 하고 있다. 우리는 길을 걷는 행인들을 위해 기꺼이 의자를 내놓은 사려 깊은 그 카페에 들어가서 차를 한 잔 하기로 했다.

카페에서 나와 7분 남짓 걸어가자, 곧이어 '세계 평화의 문'이 눈앞에 보인다.

롯데 월드 타워에서 도보로 15분 남짓되는 거리에 있는 '세계 평화의 문'은, 서울 올림픽 공원의 정문과 같은 기능을 하는 아주 웅장한

세계 평화의 문

건축물이다. 이 건축물 좌측에는 영동 신시가지(강남 · 잠실)가 개발되던 초기에 서울에서 가장 큰 아파트 단지로 유명했던 '잠실 아파트 단지'가 위치해 있다. 그리고 우측에는 현대식 빌딩들이 도로를 따라 나란히 서 있다.

'세계 평화의 문'은 폭 62m, 길이 37m의 거대한 예술 작품이다. 1988년 9월 17일부터 10월 2일까지 16일 동안 서울에서 개최된 제24회 서울 올림픽을 기념하는 랜드마크로 건립되었다. '세계평화의 문' 아래에는 올림픽의 성지인 그리스에서 채화한 '올림픽 성화'가 24시간 내내 타오르고 있다.

만약 관광객들이 서울의 다른 장소에서 지하철을 타고 서울 올림픽공원을 방문하려면, 두 가지 방법이 있다. 바로 지하철 8호선, 혹은 지하철 5호선을 타고 이동하는 것이다.

첫 번째 방법은 지하철 8호선을 타고 몽촌토성역에서 하차하는 것이다.

올림픽 성화

몽촌토성역에서 1번 출구로 나가면, '세계 평화의 문'을 바로 눈앞에서 볼 수 있다. 이 문을 통과해서 웅장한 모습을 자랑하는 넓은 광장에 들어서면 정면에 '국기광장'이 있다. 그리고 국기광장 뒷편에는 시원한 호수가 펼쳐진다.

넓은 호수 뒤쪽에는 무성한 숲이 보이는데, 그 숲이 2천 년 전에 백제인들이 쌓아

국기광장의 뒷편에서 바라본 '몽촌해자'. 몽촌해자 너머 가운데 부분에 국기광장이 보인다.

올린 몽촌토성이 있던 역사적인 장소이다. 눈앞에 보이는 호수는 몽촌토성을 외부의 적으로부터 방어하기 위해 만든 해자(垓子)이다. 그래서 호수의 명칭을 '몽촌해자'라고 부른다.

두 번째 방법은 지하철 5호선을 타고 '올림픽공원역'에서 하차하는 것이다. 올림픽공원역에서 4번 출구로 나가면, '서울 올림픽 공원 동2문'으로 들어갈 수 있다.

이렇게 지상으로 나오면, 정면에는 서울 올림픽 공원으로 들어가는 넓은 길이 보이고, 좌측에는 편의점과 깨끗한 카페와 식당들이 관광객들을 기다리고 있다.

그 길을 따라 걸어가면 서울 올림픽 공원에서 가장 유명한 조각품을 가장 먼저 만나게 된다. 바로 프랑스 조각가인 세자르 발다시니(Cesar Baldaccini)의 작품인 〈엄지 손가락〉이다. 이런 모습을 한국적인 표현으로는 '엄지 척!'이라고 한다.

세자르 발다시니의 〈엄지 손가락〉

만약 여러분이 한국을 관광하는 중에 친절을 베푸는 한국인을 만난다면, 세자르 발다시니의 작품처럼 엄지 손가락을 치켜 올리면서 '최고!'라고 말하기 바란다. 그러면 그 사람은 얼굴 가득 미소를 지으며 친근한 눈길로 당신을 바라볼 것이다. 그야말로 세계 어디에서나 통하는 최고의 칭찬이라는 걸 느끼게 된다.

〈엄지 손가락〉을 지나 계속 걸어가면, 이탈리아의 마우로 스타치올리(Mauro Staccioli)가 '88올림픽'을 축하하기 위해 만든 '하늘에서 내려온 붉은 색 닻처럼 생긴 거대한 조형물'이 시야를 가득 채운다.

올림픽에 참가한 전세계 선수들의 웅혼한 기상을 한껏 느끼게 하는 거대한 조형물 오른쪽에는 체조경기장이 있고, 정면에는 드넓은 잔디밭인 '88마당'이 두 눈을 시원하게 한다.

롯데 월드 타워에서 걸어온 관광객들이나, 혹은 지하철 8호선 '몽촌토성역'에서 하차한 관광객들은 모두 다, '세계평화의 문'에서 서울올림픽 공원 관광을 시작하게 된다. 그러면 '세계평화의 문' 광장 동쪽에 보이는 '국기광장'으로 먼저 걸어가 보자. '국기광장' 우측에는 '몽촌해자'로 내려가는 계단이 있다.

계단으로 천천히 내려가면, 좌측의 넓은 벽면에 1988년 9월 17일에

하늘에서 내려온 붉은 색 닻처럼 생긴 거대한 조형물

개최되었던 '제24회 서울올림픽'에 관한 귀중한 자료들이 한글과 영어로 표기되어 있다.

국기광장

88서울 올림픽 마스코트 '호돌이'

오른쪽에는 잔잔한 수면의 '몽촌해자'가 마치 호수처럼 시원하게 펼쳐져 있는 모습이 두 눈 가득히 들어온다. 그리고 올림픽 파크텔(서울 올림픽 공원 내 호텔)과 몽촌토성 방향으로 가는 길이 보인다.

그곳에서 몽촌해자 옆으로 난 길을 따라 5분 남짓 걸어가면, 좌측에는 올림픽 파크텔로 가는 길이 보이고, 우측에는 몽촌토성으로 건너가는 다리가 드디어 나타난다. 이 다리의 이름은 '곰말다리'이다. '곰말'은 '꿈의 마을'이란 의미를 가진 낱말을 순수한 한국어로 표기한 것이고, '몽촌'(夢村)은 '꿈의 마을'을 한자로 표기한 것이다.

몽촌해자 위로 난 곰말다리를 건너가면 눈앞에 작은 삼거리가 나타난다. 좌측길이나 우측길로 가면, '몽촌해자'를 따라서 서울 올림픽 공원을 한 바퀴 돌게 된다. 그리고 곧장 걸어가면, 2천여 년 전에 몽촌토성이 있던 유적지로 올라가게 된다.

몽촌해자를 건너는 곰말다리

롯데 월드 타워 야경

한성 백제 축제

송파구에서는 해마다 가을이 되면 2천 년 전 수도였던 백제의 문화와 역사를 알리는 '한성 백제 축제'를 성대하게 개최하고 있다.

송파구에서는 코로나19 팬데믹 때문에 그동안 개최하지 못했던 '제22회 한성 백제 축제'를 2022년 9월 30일부터 10월 2일까지 3일 동안 서울 올림픽 공원에서 개최했다.

야간까지 이어진 '한성 백제 축제'에는 송파구 주민들뿐 아니라, 많은

◀한성 백제 축제 개막식
▼한성 백제 축제 공연 장면

한성 백제 축제 가두행렬

서울 시민들과 외국인 관광객들까지 참석해서 오랜만에 한국의 전통문화를 만끽했다.

특히 한국에서는 하늘의 빛깔이 가장 파랗고 공기가 가장 맑은 가을인 10월이 되면 서울과 지방 도시에서 수많은 축제를 개최한다. 한국 여행을 계획하는 분들이 '축제의 계절'이며 공휴일이 가장 많은 달인 10월에 서울을 방문한다면, 다양한 한국의 축제를 관광하는 즐거움을 만끽할 수 있을 것이다.

10월의 석촌호수 밤 축제▶

6

고대 백제인들이 꿈꾸던 마을

몽촌토성

잠실역

몽촌토성으로 오르는 길은 꽤 가팔랐다.

나는 경사가 무척 가파른 길을 천천히 올라가면서, 운동화를 신고 오기를 정말 잘했다고 생각했다. 가파른 고갯마루에 거의 다 올라가자, 초록색의 소나무 가지들이 눈앞에 보이기 시작한다.

소나무가 많아서 송파구라고 부른다는 말이 이해가 되었다. 그럴 정도로 소나무가 아주 많았다. 터키의 이스탄불에 있는 참르자 언덕(Camlica Hill)이 떠올랐다. 시내의 전경을 조망할 수 있는 곳인데, '소나무 언덕'이란 의미이다.

나는 몽촌토성으로 향하는 이 가파른 고개의 명칭을 '몽촌 고개'라고 하면 참 어울리겠다고 생각했다.

고갯마루에 올라서자 순간 눈앞이 시원해지는 느낌이었다. 소나무 언덕 아래로 푹신한 녹색의 카페트를 깔아 놓은 듯한 아늑한 잔디밭이 넓게 펼쳐져 있었다.

벤치가 놓여 있는 넓은 잔디밭

위에서 내려다본 몽촌토성

여기가 2천 년 전에 아름다운 한강변에 정착한 백제인들이 '평화로운 태평성대의 꿈을 꾸던 정겨운 마을', '몽촌(夢村)'이다.

고갯마루의 정상에 선 나는 잠시 그곳에 서서, 마치 작은 분화구를 연상시킬 정도로 아늑한 녹색의 잔디밭을 경이로운 눈으로 바라보았다.

나는 아름다운 우크라이나의 대자연에서 자란 탓인지 자연의 칼라인 초록색이 무척 친근하다. 그런데 천만 명이나 되는 사람들이 생활하는 복잡한 대도시인 서울에서 이처럼 아름다운 초록색의 자연을 마음껏 바라볼 수 있는 힐링의 공간이 존재한다니!

나는 드넓은 초록의 카페트 위에서 마치 어린아이처럼 마음껏 뒹굴고 싶을 정도로 마음이 행복했다.

몽촌토성의 드넓은 잔디밭이 한눈에 내려다보이는 언덕 위 나무 벤치에 앉아 잠시 쉬기로 했다. 나도 모르게 타임머신을 타고 2천 년 전의 백제시대로 돌아가는 상상의 날개를 마음껏 펴기 시작했다.

고대 백제인들은 북쪽에 있는 중국 대륙의 추운 날씨를 피해서, 좀 더 따뜻하고 살기 좋은 남쪽으로 이동한 사람들이었다.

중국의 만주를 출발해서 지금의 북한을 지나 계속 남쪽으로 내려온 그들은 맑은 물이 풍부한 한강 남쪽의 비옥한 땅을 보고는 이곳에 정착하기로 결심했다.

그들은 이 일대에 황토로 토성을 쌓고, 작은 분화구처럼 아늑한 양지바른 이곳에 집을 짓고, '꿈의 마을'을 이루었다.

2천 년 전.

이곳의 자연은 얼마나 아름다웠을까?

아름다운 한강과 녹색의 숲과 작은 호수가 펼쳐진 넓은 들판 위로 아기자기한 언덕들이 마치 어머니의 젖가슴처럼 봉긋 솟아 있는 곳. 밤이면 프랑스 소설가 생텍쥐페리의 작품에 나오는 '어린 왕자'(Le Petit Prince)의 맑은 눈망울처럼, 영롱한 별들과 은하수와 유성으로 가득 찼을 황홀한 밤하늘.

이곳은 마을 이름처럼 수많은 사람들이 행복과 평화를 소망하던 '꿈의 마을'이었겠지?

어느새 내 마음속에는 전쟁으로 인해 폐허로 변한 우크라이나의 여러 도시들이 떠오르면서, 비틀스(Beatles)의 존 레논(john Lennon)이 부른 평화의 노래 「이메진(Imagine)」이 떠오르기 시작했다.

존 레논(john Lennon)의 이메진(Imagine)

Imagine there's no heaven
It's easy if you try
No hell below us
Above us, only sky
Imagine all the people
Livin' for today
Ah
Imagine there's no countries
It isn't hard to do
Nothing to kill or die for
And no religion, too
Imagine all the people
Livin' life in peace
You
You may say I'm a dreamer
But I'm not the only one
I hope someday you'll join us
And the world will be as one
Imagine no possessions
I wonder if you can
No need for greed or hunger
A brotherhood of man
Imagine all the people
Sharing all the world

You

You may say I'm a dreamer

But I'm not the only one

I hope someday you'll join us

And the world will live as one

한국어 번역

천국이 없다는 걸 상상해 봐

한 번 해보면 그건 쉬운 일이야

우리 아래에 지옥 같은 건 없고

우리 위에는 오직 하늘뿐이야

모든 사람들을 상상해 봐

오늘을 살고 있는 모든 사람들을

아하

나라들이 없는 걸 상상해 봐

그건 어려운 일이 아니야

무언가를 위해 죽이거나 죽을 필요도 없는

그리고 종교도 없는

모든 사람들을 상상해 봐

평화로운 삶을 살아가는 모든 사람들을

유후

넌 아마 날 몽상가라고 말하겠지

하지만 난 혼자가 아니야

언젠가 너도 우리와 함께하길 바래

그러면 세상은 하나가 될 거야

재산이 없는 걸 상상해 봐
네가 그럴 수 있는지 의문이지만
욕심부리거나 굶주릴 필요없이
사람들의 형제애가 있는
모든 사람들을 상상해 봐
모든 세상을 공유하며 살아가는 모든 사람들을
유후
넌 아마 날 몽상가라고 말하겠지
하지만 난 혼자가 아니야
언젠가 너도 우리와 함께하길 바래
그러면 세상은 하나가 될 거야

우크라이나의 평화를 기원하는 공연 (출처: 인터넷)

몽촌토성에서 내려가는 나무 계단

나는 고갯마루에 있는 삼거리에서 좌측으로 나 있는 작은 길을 따라 몽촌토성의 정상으로 향했다.

몽촌토성의 정상에 오르자, 길 아래쪽으로 '몽촌해자' 주변을 따라 걷는 사람들의 모습이 내려다보인다. 그쪽을 내려다보니, 우리가 서 있는 몽촌토성이 무척 높은 곳이라는 사실이 새삼 실감이 난다.

우리는 드넓은 잔디밭 아래 나무 한 그루가 홀로 외롭게 서 있는 방향으로, 발길을 천천히 옮기기 시작했다. 연녹색의 넓은 잔디밭 위에 초록의 나무 한 그루가 덩그러니 혼자 서 있는 곳으로 내려가니, 그곳에 작은 의자와 나무로 만든 직사각형의 액자 틀이 함께 놓여 있었다.

아마도 이 나무 앞에서 '예쁜 사진을 촬영하라'고 배려해 놓은 것 같았다. 나는 나무를 배경으로 카메라 앞에 섰다. 다양한 모습으로 사진을 찍었다.

몽촌토성의 포토 존, '나홀로 나무'와 나무 액자

한국에서 대학원 석사과정과 아마추어 모델 활동을 경험하고 있는 나에게 사진 촬영이나 영상 촬영은 무척 친숙하고 좋아하는 일이다. 나는 촬영을 마친 후에도 그 나무 곁을 쉽게 떠나지 못하고, 한동안 그곳에 머물렀다.

내가 한국에 살면서 배운 것 중 하나는 '여백의 미'였다. 만약 이곳에 고대 백제의 주거지를 복원한 건축물들이 많이 세워져 있었다면, 내가 이곳에서 오랫동안 머물면서 상상의 날개를 자유롭게 펴지 못했을 것이다. 이 넓은 곳을 복잡한 건축물로 가득 채우지 않고, 오히려 텅 빈 '여백의 공간'으로 남겨 놓았기 때문에, 나는 이 나무 옆에 오래 머물면서 아득한 옛날에 여기에 살았던 '고대 백제인들의 아련한 꿈'에 대해 더 많은 상상을 하게 되었다.

북쪽의 한강에서 불어오는 상쾌한 강바람.

남쪽에 높이 솟은 남한산성에서 불어오는 시원한 산바람.

몽촌토성의 하늘 위로 자유롭게 날아오르는 새들의 지저귐.

몽촌토성을 둘러싸고 있는 숲 곳곳에 핀 꽃들과 나무들이 뿜어내는 다양한 향기들.

나는 몸과 마음이 깨끗하게 정화되는 '영혼의 카타르시스'를 정말 오랜만에 느낄 수 있었다.

그래서인지 연초록의 넓은 잔디밭과 '나홀로 나무'를 떠나는 게 너무도 아쉬웠다. 하지만 다시 또 찾아오리라 마음 먹으며 아쉬운 발길을 돌렸다. 우리는 아주 큰 버드나무 옆을 지나 길 아래로 천천히 걸어갔다.

몽촌토성의 잔디밭과 롯데월드타워

잠시 후, 작은 사거리가 나왔다. 거기에서 커다란 관광안내판이 세워져 있는 왼쪽 방향으로 천천히 발길을 옮겼다. 그곳에는 음료수를 마실 수 있는 자동 판매기와 깨끗한 화장실이 있었다.

서울 올림픽 공원을 걸으면서 무척 편리하게 느낀 점이 많았다. 산책길 곳곳에 편하게 쉴 수 있는 나무 벤치 · 음료수를 파는 자동 판매기 · 관리가 아주 잘된 청결한 화장실이 적재적소에 잘 배치되어 있는 게 인상적이었다.

몽촌토성의 경사진 길이 모두 끝나고 나면, 서울 올림픽 공원을 한 바퀴 순환하는 평탄한 오솔길이 길게 이어진다. 그래서 우리는 '몽촌역사관' 안내판이 있는 오른쪽 길을 따라 유유자적하게 걷기 시작했다.

몽촌역사관 앞에 있는 오솔길을 따라 오른쪽으로 걷다 보면, 오솔길 왼쪽 편에 맑은 물이 흐르는 시내가 보이기 시작한다. 오솔길 오른쪽에는 야트막한 언덕이 있고, 왼쪽에는 갈대와 풀이 우거진 자연 그대로의 모습을 간직한 시내가 있어서, 여기가 서울의 복잡한 도심이 아니라 한가한 전원지대 같은 포근한 느낌이 들었다.

IT강국인 한국의 서울에는 공원이나 지하철이나 버스 정류장 어디에서나 무료로 사용 가능한 공공 와이파이가 많이 설치되어 있어서 무척 편리했다.

잠시 후, 오솔길이 양쪽 방향으로 나뉘는 곳에 도착했는데, 우리는 왼쪽에 있는 '까치다리'를 건너지 않고, 오른쪽으로 방향을 돌렸다. 왜냐하면 그곳에 한국 전통 양식의 팔각지붕을 한 예쁜 정자가 보였기 때문이다.

정자는 한국인들이 경치가 좋은 곳에 휴식을 위해 만든 공간인데, 자연의 아름다운 풍광을 즐기는 한국인들의 독특한 전통문화를 느낄 수 있는 아주 좋은 장소다.

88올림픽을 기념해서 세운 오륜정

정자 쪽으로 가까이 다가가 보니, 정자의 명칭이 '오륜정'이다. 정자 옆에 부착되어 있는 설명을 찬찬히 읽어 보니, 88 서울 올림픽을 기념해서 이 정자를 만들었고 명칭은 오륜기에서 유래했다'고 적혀 있다. 그러고 보니 '2024년 파리 올림픽'은 프랑스의 남작인 쿠베르탱(1863~1937)이 오륜기를 만든 지, 110주년이 되는 뜻깊은 해라는 사실이 불현듯 떠올랐다.

오륜정 바로 앞에 작은 호수가 보인다. 그쪽으로 천천히 다가가니, 호수의 이름이 '88호수'라고 되어 있다. '88호수'를 왼쪽으로 끼고 앞으로 곧장 걸어가니, 또다시 작은 사기리가 나오면서 눈앞에 드넓은 연초록의 잔디밭이 시원하게 펼쳐졌다.

그런데 이곳에 펼쳐진 잔디밭은 몽촌토성 안에 있던 잔디밭과는 확연히 달랐다.

몽촌토성 안에 조성된 잔디밭은 완만한 경사가 있어서, 흡사 작은 분화구에 있는 듯 아늑한 느낌을 받았다. 그런데 이곳은 경사가 전혀

88호수

88마당

없는 판판한 평지 위에 둥근 원형의 잔디밭이 무척 넓게 조성되어 있었다.

이 잔디밭 가장자리에는 다양한 운동기구들이 설치되어 있어서, 많은 시민들이 열심히 운동하는 모습을 볼 수 있었다. 마치 야외 헬스클럽에 온 듯한 기분이었다. 한국인들이 다양한 운동기구들 앞에서 유쾌한 모습으로 운동을 하는 모습이 나에겐 꽤 인상적이었다. 한국에는 서울 올림픽 공원은 물론이고, 주택가 인근의 작은 공원에도 이러한 운동기구들이 많이 설치되어 있다. 그래서 많은 한국인들은 누구나 자신의 건강을 위해서 야외 헬스클럽 같은 공원에서 무료로 운동을 할 수 있다.

참고로 한국인들은 이웃 국가인 일본인들과 함께 평균 수명이 무척 높다. 세계 최장수 국가인 일본은 평균 수명이 여자 87세, 남자 81세이고, 한국은 여자 86세, 남자80세이다.

'88마당' 근처에는 88 서울 올림픽 기간 중에 전세계에서 참가한 수많은 선수들이 경기를 열심히 치루었던 경기장 건물들이 세워져 있었다. 그 중에서 내 눈에 가장 뛰는 것은 단연 체조 경기장이다. 왜냐하면 체조 경기장은 수많은 K-POP 스타들이 공연을 하는 대형 콘서트장이기 때문이다.

체조 경기장

백제 왕족의 고분(古墳)

석촌호수의 '서호' 부근에서는 고대 백제 왕족과 귀족들의 대형 무덤들이 많이 발견되고 있다. 그래서 잠실 일대가 2천 년 전에도 백제의 핫 플레이스였다는 사실을, 다시 한 번 상기시켜 주고 있다.

고대 백제 왕족과 귀족들의 대형 무덤들이 조성되어 있는 '석촌동 고분공원'으로 가기 위해서는, 레이크 호텔(Hotel Lake) 방향으로 가야 한다. 레이크 호텔은 석촌호수의 '서호' 남쪽 도로변에 세워져 있는데, 호텔 바로 옆에 '석촌동 고분공원' 방향으로 건너가는 건널목이 있다.

건널목을 건너서 넓은 도로를 따라 남쪽 방향으로 곧장 걸어간다. 길가에

석촌동 고분 공원 계단

음료수를 파는 편의점과 식당과 카페도 많이 있다. 그 길을 따라 5분 정도 걸어가면, 백제시대 왕족과 귀족들의 옛무덤들이 있는 '석촌동 고분공원'으로 올라가는 계단이 보인다. 계단을 올라가면, 흙과 돌로 쌓은 크고 작은 고분(古墳)들이 공원 곳곳에 있는 모습을 볼 수 있다.

석촌동 고분공원 뒤로 보이는 롯데 월드 타워

석촌동 고분 가장 안쪽에 있는 둥근 모양의 고분

7

강남 최고의 복합문화 공간

스타필드 코엑스 몰

삼성역

가수 싸이(PSY)의 세계적인 뮤직비디오 〈강남 스타일(Gangnam Style)〉은 무려 44억 명 이상이나 되는 사람들이 시청할 정도로 큰 인기를 끌었다. 서울의 신도심인 강남에 가면, 언제든지 〈강남 스타일〉을 만날 수 있다. 말춤 추는 가수 싸이의 두 손을 형상화한 황금빛 조형물이 '왕복 12차선의 영동대로' 인도 위에 세워져 있다. 여기서 작은 보턴만 누르면 언제든지 〈강남 스타일〉이 흥겹게 울려 퍼진다. 〈강남 스타일〉의 배경이 된 거리답다.

〈강남 스타일〉 조형물 바로 옆에는, 패션과 음식과 오락의 복합 문화 공간인 '스타필드 코엑스 몰(Stafield Coex Mall)'이 자리잡고 있다.

'스타필드 코엑스 몰'은 잠실역에서 아주 가까운 곳에 위치하고 있어서 쉽게 찾아갈 수 있다. 지하철 2호선의 잠실역에서 불과 세 정거장 거리에 위치한 삼성역에서 내리면 바로 스타필드 코엑스 몰이 있

가수 싸이의 〈강남스타일〉 조형물

우크라이나의 평화를 기원하는 마리나양

기 때문이다.

잠실역에서 지하철로 15분 만에 강남구의 번화가인 삼성역에 도착할 수 있다. 관광객들이 삼성역에 도착하면, 코엑스(COEX)라는 글씨가 적혀 있는 표지판을 먼저 찾아야 한다.

그런데 여기에서 주의할 사항이 하나 있다. 어떤 표지판에는 '6번 방향'에 코엑스가 적혀 있고, 또 어떤 표지판의 '6번 방향'에는 코엑스가 전혀 적혀 있지 않다는 것이다. '6번 방향'이라는 숫자에 전혀 흔들리지 말고, 오직 '코엑스(COEX)'라는 글씨가 적혀 있는 화살표 방향으로만 꿋꿋하게 걸어가기 바란다.

코엑스 방향으로 가다 보면 넓은 계단이 나온다. 그 계단을 따라 위로 올라가면, 'START'라는 노란색 글씨와 함께 '노란색 화살표'가 선명하게 표시된 청색 발판을 발 아래에서 발견하게 될 것이다. 바닥에 있는 '노란색 화살표'가 가리키는 방향을 보며 청색 발판을 따라 곧장 걸어가면, 정면에 대형 LED 전광판이 보인다.

그 길의 오른쪽과 왼쪽에는 예쁜 가게들이 영업을 하고 있다. 그곳에서 조금만 더 걸어가면 영어로 'Stafield'라는 빨간색 큰 글씨와 하얀색 작은 글씨로 'COEX MALL'이라고 적힌 표시가 보이면서, 여러분이 지금까지 밟으며 걸어온 파란색 길이 왼쪽으로 크게 휘어지는 것을 볼 수 있다.

COEX MALL
간판

정면에 보이는 에스컬레이트와 계단은 한국무역협회 건물로 들어가는 통로이다. 그래서 파란색 길을 따라 왼쪽으로 들어가야 한다. 그러면 오늘 여러분의 최종 목적지인 코엑스로 입장하는 문을 만나게 된다.

투명한 유리로 되어 있는 문을 통해 안으로 들어가면, 대단히 넓고 화려한 통로가 나타난다. 여기가 바로 삼성역 최대의 패션 · 문화 · 음식 · 오락 · 쇼핑의 공간인 코엑스 몰이 시작되는 곳이다.

코엑스 몰은 아주 넓은 공간 안에 극장 · 대형 아쿠아리움 · 쇼핑가 · 음식거리 · 카페 · 서점 등이 있는 복합 쇼핑몰이기 때문에, 안내판을 자세히 보지 않으면 자칫 길을 잃고 헤매기 쉽다. 그래서 조금만 더 직진하면 나타나는 이렇게 생긴 안내 표시판이 무척 반갑다.

이제부터 코엑스 몰에서 아주 인기 있는 특이한 명소로 여러분들을 안내하겠다. 우선 안내 표시판에서 '별마당 도서관'이라 적혀 있는 위치를 확인해야 한다.

별마당 도서관은 오직 코엑스 몰에서만 볼 수 있는, '대단히 독특하고 아름다운 서울 유일의 대형 도서관'이다. 어떤 사람들은 오직 별마당 도서관만을 보기 위해 코엑스 몰을 방문할 정도다.

의자가 놓여 있는 통로를 지나 조금만 더 걸어가면, 좌측에 수많은 책들과 갈색의 나무를 사용해서 이색적으로 인테리어가 되어 있는 넓은 공간이 보일 것이다. 바로 코엑스 몰을 아주 유명하게 만든 독특한 문화공간인 별마당 도서관이다. 이 도서관에서 관광객들을 압도하는 광경은 단연 '거대한 책의 성벽'이다.

역사적으로 한국인들은 책과 독특한 인연을 갖고 있다.

책을 많이 읽기 위해서는 무엇보다도 문자의 보급이 필수적이다. 물론 한국인들도 중세까지는 중국의 글자인 한자를 사용했다. 그러나 조선의 제4대 왕인 세종대왕(1397~1450)이 한국인들의 문자 보급에 획기적인 대혁명을 일으켰다. 1443년에 한국인만의 독특한 문자인 '한글'을 만든 것이다.

세종대왕은 한글을 모든 백성들에게 빠르게 보급하기 위해 다양한

별마당 도서관 입구

책들을 출간하기 시작했다. 특히 정규교육에서 소외되었던 여성들이 세종대왕이 시작한 '즐거운 문자의 반란'에 적극 참여했다.

조선시대의 많은 지식인층은 유학사상(儒學思想)을 고수하느라 한자를 숭상하고 한글을 경시했던 게 사실이다. 그런 학자들을 비웃기라

별마당 도서관 내부 전경

도 하듯이 조선의 여인들은 '암글(여성들의 글자)'이라는 비아냥을 들어가면서도 한글로 많은 글들을 열심히 써서 남겼다. 이렇게 한글로 된 많은 서적들이 출간되기 시작했고, 조선인들의 문맹률은 급속도로 줄어들게 되었다.

이러한 변화의 결과, 18세기 후반부터는 커다란 책장에 다양한 서적들이 꽂혀 있는 서재가 양반 귀족들의 저택을 중심으로 유행하기 시작했고, 19세기 이후에는 일반 백성들의 집에도 서가를 구비하게 되었다. 책이 진열된 서가를 기품 있게 그린 그림인 〈책가도〉도 유행하였다. 그럴 정도로 책은 한국인들에게 친숙한 물건이자, 자신의 지식을 뽐내는 호사품이기도 했다.

별마당 도서관에서 한국인들의 독서문화를 경험한 뒤에는 본격적으로 코엑스 몰 탐방에 나선다. 코엑스 몰 내에 있는 다양한 식당에서 식사를 해도 좋고, 영화관인 메가박스(Megabox)나 거대한 아쿠아리움(Aquarium)을 방문해도 좋고, 카페에서 차를 마셔도 좋을 것이다.

만약 강남에서 심신을 힐링(Healing)하기에 좋은 한적한 장소를 찾는다면, 코엑스 몰에서 약 15~20분 거리에 위치한 도심 속의 사찰인 '봉은사'를 적극 추천하다.

책가도

싸이의 〈강남 스타일〉 조형물

삼성역에서 가수 싸이(Psy)의 〈강남 스타일〉(Gangnam Style) 조형물을 찾는 것은 무척 쉽다. 지하철 2호선의 삼성역에서 하차해서 '6번 방향'이 표시된 표지판을 따라 계속 걸어가면 된다.

표지판을 따라 계단 위로 올라가면, 왼쪽에는 마치 하늘로 솟구치는 거대한 로켓을 닮은 '한국무역회관' 건물이 있다. 그리고 오른쪽에는 강남에서 가장 넓은 왕복 12차선의 영동대로가 있다. 그곳에서 인도를 따라 1~2분만 곧장 걸어가면, ' 영동대로' 변에 온통 화려한 황금색으로 눈부신 커다란 두 손 모양의 조형물이 보일 것이다.

가수 싸이의 〈강남스타일〉 조형물

바로 그 조형물이 전세계에서 44억 뷰나 되는 엄청난 숫자의 유튜브 조회수를 기록한 가수 싸이의 〈강남 스타일〉 조형물이다. 바라보기만 해도 몸이 근질근질해진다. 절로 춤이 나올 것 같다.

2022년 10월 2일. '싸이의 공연'을 알리는 전광판

8

자연과 사색의 도심 속 힐링 공간

봉은사

삼성역

봉은사는 한반도에서 통일신라시대(676~935)인 794년에 창건된, 1천 4백 년이나 되는 대단히 유서 깊은 서울의 유명 사찰이다.

1636년 겨울에 중국의 청나라 군대가 조선을 공격한 '병자호란'이 일어났을 때, 피난을 가던 많은 조선인들이 한강에서 익사를 했다. 그래서 한강과 가까운 곳에 위치한 봉은사에서는 전쟁 중에 한강에서 익사한 많은 조선인들의 슬픈 영혼을 위로하는 큰 행사인 '수륙제'를 매년 열고 있다.

게다가 봉은사는 인근에 있는 조선시대의 왕릉인 '선릉'과 '정릉'을 관리하는 중요한 사찰이어서, 지금의 삼성역과 선릉역 일대에 대단히 넓은 산과 농토를 보유하고 있었다. 비록 지금은 강남의 신도심 개발로 인해 사찰의 면적이 옛날보다 많이 줄었지만, 봉은사는 강남의 다운타운 인근에 위치하고 있기 때문에 많은 서울 시민들과 직장인들이 즐겨 찾고 있다.

특히 봉은사는 강남에서 가장 번화한 거리인 테헤란로와 강남에서 가장 넓은 도로인 영동대로가 교차하는 삼성역 인근에 위치하고 있기 때문에, 코엑스 몰을 방문하는 한국인이나 해외 관광객들도 즐겨 방문하는 강남의 유명 사찰이다.

봉은사는 코엑스 몰 건물 바로 뒷편에 위치하고 있다. 그래서 코엑스 몰 관광을 끝낸 관광객들은 불과 10분 내외의 짧은 시간에 봉은사에 도착할 수 있다. 코엑스 몰 내에 있는 아쿠아리움 쪽으로 걸어가면, '봉은사역'이란 글씨가 적힌 안내판을 쉽게 찾을 수 있다.

안내판을 따라 계속 걸어가면 밖으로 나가는 문이 나온다. 그 문을 열고 나가면 날렵한 유선형의 카누처럼 생긴 작은 화단이 있다. 거기에서 왼쪽을 보면 선명한 하얀색으로 멋지게 만든 넓은 계단이 보인다. 그 계단을 따라 지상으로 올라가면, 거대한 은색의 코엑스 건물과 고층의 인터콘티넨털(INTER-CONTINENTAL) 호텔이 눈앞에 보인다.

길 왼쪽에는 몇 개의 조각품들과 벤치가 놓여 있는 작은 공간이 있다. 그곳에서 앞쪽으로 곧장 걸어가면, 왼쪽에 영어로 COEX라고 적혀 있는 은색의 건물이 보인다. 오른쪽에는 봉은사 정문으로 건너가는 넓은 건널목이 보인다. 이 건널목을 건너가면 강남의 유서 깊은 사찰인 봉은사의 정문 앞에 도착한다.

봉은사의 정문 앞에는 화강암으로 만든 커다란 코끼리 조각상이 세워져 있다. 또한 코끼리 조각상 뒤에는 봉은사로 들어가는 작은 대문과 예쁜 꽃밭이 있었다.

불교에서 가장 큰 기념일인 '부처님 탄신일'(음력 4월 8일)을 축하하기 위해 특별히 만든 꽃밭에는, '무병장수의 상징'인 백학이 새 하얀 날개를 펴고 핑크색 연꽃과 함께 있는 모습이 인상적이었다. 그리고 정면에는 사찰을 수호하는 험상궂은 인물들의 나무조각이 서 있는 큰

봉은사의 정문 앞

문이 보인다.

여름에는 이 문 앞에서, 불교에서 신성시하는 연꽃을 전시하는 특별 이벤트를 한다. 그 문을 향해 걸어가면, 문 양 쪽에 험상궂은 인물들의 대형조각상을 볼 수 있다. 이를 사천왕상이라고 한다.

내가 정준 작가님과 함께 그 문을 통과하는 순간. 울긋불긋한 색깔의 등이 수백 개나 허공에 매달려 있는 게 보였다. 마침 불교에서 가장 중요한 날인 '부처님 오신 날'을 기념해서 연등을 매달아 놓은 것이다. 마치 거대한 설치예술을 보는 것처럼 신기했다.

오르막인 그 길의 왼쪽에는 푸근한 미소를 짓는 조각상(포대화상)이 연못 속에 편안하게 앉아 있는 모습이 보인다. 이 조각상을 지나면, 왼쪽으로 기와를 얹은 나지막한 토담이 이

코끼리 조각상

사천왕 앞에서

부처님 오신 날을 기념하는 연등

어져 있고, 물이 흐르는 작은 개울도 있다. 약간 경사진 오르막길을 천천히 올라가는데, 왼쪽의 토담이 끊어지는 곳에 봉은사의 넓은 주차장으로 가는 흙길이 보인다. 주차장이 있는 왼쪽으로 발길을 돌리니, 돌로 만든 예쁜 불상(관세음보살)이 홀로 서 있는 작은 연못이 오른쪽에 있다.

포대화상 조각상

연못을 지나 조금 더 걸어가니, 오른쪽에 향적원(香積院)이라고 한자로 적혀 있는 큰 건물이 나타난다. 그 건물에는 순백의 두루미들이 무리를 지어 보름달이 휘영청 떠오른 밤하늘을 유유히 날아가는 모습의 그림이 두 점 그려져 있다.

그곳에서 신비로운 두루미 그림을 감상하고 다시 오른쪽으로 걸어가니, 한자로 불이문(不二門)이라고

관세음보살

불이문 (不二門)이라고 쓴 문.

천정의 단청

적혀 있는 작은 문이 보인다.

불이문에서 불이(不二)는 불교에서 '진리'를 의미하는 단어이다. 즉 불이문은 '진리로 들어가는 문'이란 의미이다.

불이문 밖으로 나가니, 조금전에 올라오던 그 오르막길과 다시 만난다. 울긋불긋한 색깔의 등들이 수백 개나 허공에 매달려 있는 그 길에서 다시 왼쪽으로 걸어 올라가니, 고운 단청으로 꾸며진 큰 건축물 아래를 통과한다.

그런데 그곳부터는 가파른 계단이 시작된다. 계단을 따라 성큼성큼 올라가니, 여기에도 수백 개의 화려한 등들이 허공에 매달려 있고, 작은 돌탑이 있는 장소에 도착한다.

그곳에서 왼쪽으로 걸어가면, 봉은사 안에 있는 넓은 카페인 '연회다원'이 있다. 그리고 '연회다원' 옆에 대형 북과 종과 목어(나무로 만든 잉어)가 걸려 있는 누각이 나타난다. 이 누각을 종루(鐘樓)라고 부른다.

종이 설치되어 있는 종루(鐘樓)

종루의 북 · 종 · 목어(나무로 만든 잉어)

이 종루에서부터는 절을 한 바퀴 돌 수 있는 넓은 길이 눈앞으로 길게 펼쳐져 있다.

종루에서 50미터 정도 걸어가면, 오른쪽에 비석이 보이고, 그 옆으로 작은 계단과 한글로 '산책로 입구'라고 쓴 작은 팻말이 함께 보일 것이다. 이제부터 그 작은 계단을 올라가기 바란다. 그러면 여러분은 봉은사에서 '가장 경치가 좋고 편안하게 쉴 수 있는 장소'로 가는, 작은 오솔길을 만나게 될 것이다.

요사채 옆의 한적한 오솔길

오솔길 왼쪽에는 여러 채의 한옥들이 서 있다. 그 한옥들은 봉은사의 스님들이 거주하고 있는 여러 채의 한옥들인데, '요사채'라고 부른다. 그 길을 따라 1분 정도 올라가면, 마지막 요사채가 있는 곳에서 오른쪽으로 길이 90도로 크게 휘어진다. 그곳에서 오른쪽으로 시야를 돌리면, 숲 속의 한적한 오솔길이 수줍은 듯 모습을 드러낸다.

그 오솔길을 따라 1분~2분 정도 걸어가면, 앞이 탁 트인 넓은 공터가 나타난다. 바로 이곳이 봉은사에서 가장 경치가 좋고 시원한 바람이 불어오는 최상의 휴식 공간이다. 이 작은 공간에는 편하게 앉아서 음료수를 마시며 쉴 수 있는 탁자와 의자들이 잘 준비되어 있다.

여기에 앉아서 아래쪽을 내려다보면 조금 전에 여러분들이 걸어온 봉은사의 풍경뿐 아니라, 저 멀리 은색의 코엑스 건물과 하늘 높이 솟아오르는 로켓을 닮은 한국무역협회 빌딩과 아셈 타워도 한눈에 들어

도심 속의 휴식 공간

온다.

이곳에 오게 되면 온종일 '빨리빨리'를 외치며 눈 코 뜰 새 없을 정도로 바쁘게 돌아가는 대도시 서울의 일상을 잠시 벗어 두게 된다. 여러분도 숲속의 고즈넉한 분위기를 오롯이 느낄 수 있는 이곳에 잠시 앉아 보기 바란다. 그리고 이제부터 손에 들고 온 시원한 음료수나 차를 천천히 마시면서, 한적한 힐링의 시간을 만끽하시기 바란다.

서울의 강남은 처음에 '영동지구'였다

서울 최고의 부촌인 강남은 1960년대만 해도 한강 남쪽의 한적한 농촌마을이었다. 그래서 1970년대에 논과 밭이 펼쳐지고 숲이 우거졌던 이 일대를 '영동'이라고 불렀다. 왜냐하면 이곳은 그 당시 많은 사람들이 거주했던 '영등포의 동쪽'에 위치하고 있었기 때문이다.

그래서 한국 정부에서 최초로 세운 신도시 개발 계획서에도 강남이라는 용어는 없었고, '영동지구 개발 계획'이라는 명칭을 사용했다. 그 당시에는 택시를 타면 '영동으로 갑시다'라고 했단다.

그런 역사 때문에 지금도 강남에는 '영동대교'와 '영동대로'와 '영동고등학교'와 '영동시장'이 있다. 그리고 한국의 유명한 트롯 여가수인 주현미가 부른 히트곡의 제목에도 〈비 내리는 영동교〉가 있는 것이다.

〈비 내리는 영동교〉 앨범 사진(출처 : '주현미TV' 유튜브 채널)

서울의 영동지구에 들어선 유명한 아파트 중에는 강남 반포의 허허벌판에 지어진 '반포 주공 아파트'가 있고, 잠실의 한강변에 들어선 '잠실주공 아파트'도 유명했다.

본래 서울의 강남은 경기도 땅이었다가, 서울시 성동구가 되었고, 또 1975년부터 강남구가 되었다. 그래서 강남 남쪽의 허허벌판이었던 '영동지구'를 최초로 발전시킨 구심점은 강남구의 반포와 송파구의 잠실이었다.

9

두 임금과 왕비가 계신 곳

선정릉

선릉역

선릉역은 이곳에 유네스코 세계문화유산인 '선정릉'이 있기 때문에 붙여진 이름이다. 삼성역에서 선정릉이 있는 선릉역까지는 지하철 2호선으로 한 정거장에 불과한 아주 가까운 거리이다. 선정릉을 가려면 선릉역에서 하차한 후 먼저 '서울 선릉과 정릉'이라고 적힌 '10번 출구'를 찾아야 한다. 이 '10번 출구'에서 엘레베이터를 타고 지상으로 올라가도 되고, 또 계단으로 걸어 올라가도 된다.

지상 1층으로 올라가면, 여기가 강남에서 가장 번화한 왕복 8차선의 도로인 '테헤란로'이다. 이 도로의 인도를 따라 곧장 걸어가면, 오른쪽에 '공항버스 정류장' 표시를 볼 수 있다. 5~6분 정도 더 걸어가면, 신호등이 설치된 큰 횡단보도가 보일 것이다. 오른쪽에 세워진 기둥을 보면, '선정릉 입구'로 들어가는 주차장 표시(P)가 적힌 팻말이 달려 있다.

여기서 왼쪽으로 방향을 돌리면, 선정릉으로 차가 들어가는 '주차장'과 사람이 걸어서 들어가는 '입구'가 동시에 시야에 들어온다. 그곳에서 '서울 선릉과 정릉'이라고 적힌 긴 팻말이 세워져 있는 곳으로 가까이 걸어가면, 검정색 기와 지붕 아래 방문객들이 앉아서 잠시 쉴 수 있는 나무의자가 놓여 있다.

선정릉 입구 오솔길

여기서 표를 사서 입장하면 된다. 이제부터 강남에서 가장 비싼 땅 위에 두 왕과 왕비가 누워 계시는 유네스코 세계문화유산인 선정릉을 관람할 수 있게 된다. 선정릉 관리자에게 표를 보여주고 안으로 들어서면, 먼저 오른쪽 방향의 길을 따라 걷기 시작한다.

오른쪽 길로 들어서면 곧바로 '세 개의 왕릉'의 위치를 알려주는 팻말이 세워진 삼거리와 만나게 된다. 먼저 '정릉(중종 무덤)'을 보기로 하자. 그 팻말의 가장 아래쪽에 표시되어 있는 화살표를 따라 오른쪽 방향으로 걸으면 된다. 곧 눈앞에 소나무들이 울창한 숲을 이루고 있는 초록색의 언덕과 한국 전통 기와를 얹은 멋진 건축물이 보이기 시작할 것이다.

눈앞에 보이는 초록색의 높은 언덕이 바로, 조선의 제11대 왕이었던 '중종'(1488년~1544년)의 왕릉인 '정릉'이다. 정릉 앞에는 한국 전통 모양의 빨간 '홍살문'과, 선왕에게 제사를 지낼 때 임금과 제관이 함께 걸었던 돌로 된 길이 길게 연결되어 있다. 왕릉의 주변에는 오래된 소나무들이 울창한 숲을 이루고 있어, 정숙한 분위기를 만들어 주고 있다.

강남의 선정릉에는, 조선 제11대 왕인 중종의 무덤인 '정릉'과 조선 제9대 왕인 성종(1457~1495)과 그의 부인인 정현왕후(1462~1530)의 무덤인 '선릉'이 함께 모여 있다.

그런데 중종에 대한 스토리를 알기 위해서는 조선 제10대 왕인 연산군(1476~1506)에 대해 먼저 알아야 한다. 연산군은 성종의 첫째 아들이었는데, '조선의 네로 황제'로 불릴 정도로 포악하고 음란한 왕이었다.

연산군의 왕자 시절 이름은 '융'이었는데, 어린 시절부터 학문을 아주 싫어했다. 어느 날, 왕자 '융'이 아버지인 성종을 기다리고 있는데, 성종이 무척 아끼던 사슴이 나타나서 그의 손등을 핥았다. 그러자 융은 크게 화를 내며 사슴을 발로 걷어찼다. 이러한 방자한 행동을 본 성종은 무척 역정을 내며 꾸중을 했다. 그런데 나중에 왕이 된 연산군은 자신이 직접 화살을 쏘아서 그 사슴을 죽이고 말았다.

또한 그에게는 학문을 가르치는 스승으로 조차서와 허침이라는 두 명의 학자가 있었다. 조차서는 그에게 엄한 스승이었고, 허침은 그를 아주 부드럽게 대하는 스승이었다. 그런데 융이 왕이 되자, 그는 자신에게 엄하게 대한 스승인 조차서를 거침없이 죽여 버렸다.

왕자 '융'의 어머니는 성종의 첫째 부인인 윤씨였는데, 그녀도 질투와 시기심이 아주 많은 여성이었다.

어느 날, 성종의 바람기에 극도로 분노한 그녀는 결코 해서는 안 될 무도한 일까지 저지르고 말았다. 그것은 바

정릉(홍살문에서 중종의 무덤까지 이르는 길)

로 남편이기에 앞서 한 나라의 국왕인 성종의 얼굴에 자신의 손톱으로 상처를 낸 것이다.

자신의 화를 참지 못하고 금도를 넘는 위험한 행동을 한 그녀는 결국 왕비의 자리에서 쫓겨나는 '폐비'로 전락하고 말았다. 궁중에서 쫓겨나서도 자신의 행동을 반성하지 않고 복수의 칼날을 갈던 폐비 윤씨는 마침내 사약을 받고 27년의 짧은 삶을 마감해야만 했다.

그런데 이러한 불행은 더 큰 불행의 씨앗을 만들고 말았다. 폐비 윤씨의 아들인 왕자 융이 19세(1494)에 성종의 뒤를 이어 조선의 제10대 왕이 된 것이다. 왕이 된 후에 자신의 생모인 폐비 윤씨가 사약을 마시고 비참하게 죽은 사실을 알게 되면서 복수의 칼날을 마구 휘두르며 조선의 조정에 매서운 피바람을 일으키기 시작했다.

1498년의 '무오사화'와 1504년의 '갑자사화'가 바로 그것이다. 자신의 마음에 들지 않는 수많은 관리와 학자들을 무자비하게 죽인 것이다. 그는 희대의 폭군 노릇을 하는 데 조금도 주저함이 없었다. 그는 자신의 어머니를 궁중에서 쫓아내게 한 할머니 인수대비의 가슴에 상을 집어 던져서 죽게 하는 극악무도한 패륜을 저질렀고, 자신의 큰아버지 월산대군의 부인인 '박씨'를 강간하여 자살하게 만들었고, 전국에서 뽑은 수백 명의 기생들을 데리고 궁중에서 온갖 음란한 연회를 열었다.

또한 자기를 비방하는 글이 싫다는 이유로 세종대왕이 만든 '한글'을 사용하지 못하게 하였고, 조선의 유명한 대학인 성균관과 유서 깊은 사찰인 원각사를 술 마시고 춤추는 공연장으로 만들었다.

결국 신하들이 반란을 일으켜 연산군을 폐위시키고, 성종의 두 번째 부인인 정현왕후의 큰아들 '진성대군'을 제11대 왕(중종)으로 즉위시켰다. 이것이 바로 '중종반정'(1506)이고, 폐위된 연산군은 강화도로 유배를 가서 그곳에서 생을 마감했다.

19세(1506년)에 제11대 왕이 된 중종은 별로 힘이 없었다. 그 이유는 그가 나이가 어리기도 했고, 또 그를 왕으로 만든 신하들의 권력이 워낙 강했기 때문이었다. 그는 23세가 되던 1510년부터 나이 많은 신하들(훈구파)의 간섭에서 벗어나기 위해 조광조를 비롯한 신진세력들을 앞세워 개혁정책을 추진하기 시작했다. 그러나 조광조를 중심으로 하는 급진개혁 세력의 힘이 너무 커지자, 오히려 중종은 불안을 느끼고 이들을 견제하기 시작한다. 이에 중종은 나이 많은 훈구파 신하들과 다시 손을 잡게 되는데, 이들의 모함해 의해 조광조를 비롯한 신진 개혁세력들을 몰살시키는 '기묘사화'(1521년)를 일으킨다.

게다가 남쪽에서는 일본 열도에서 출병한 왜구들이 조선의 남해안과 서해안을 공격하고, 또 북쪽에서는 만주 일대에 살던 북방민족들이 공격하는 바람에 내우외환을 입게 되었다. 결국 어린 나이에 왕이 되어 국내외적으로 많은 난관을 겪던 중종은 57세가 되던 1544년 겨울에 쓸쓸히 세상을 떠났다.

정릉을 다 보고 나면, 성종과 정현왕후의 능이 있는 '선릉'으로 향한다. 정현왕후는 조선의 제9대 왕이었던 '성종'(1457년~1494년)의 부인이자, 중종의 친어머니이다.

조선 제9대 왕인 성종은 어린 시절부터 대단히 영민한 아이였다. 그는 조선 제7대 왕인 세조(1417~1468)의 큰아들인 의경세자의 아들인데, 어린 시절의 이름은 '혈'이다. 그러나 그가 태어난 지 2개월 후에 아버지인 의경세자가 세상을 떠나게 되었다. 그래서 그는 할아버지인 세조와 함께 살게 되었다.

'혈'은 어린 시절부터 시를 잘 짓고 그림을 잘 그렸을 뿐 아니라, 조선을 건국한 태조 이성계(1335~1408)처럼 도량이 넓고 기상이 뛰어났다. 어느 날, 궁중에서 행사를 하는데 때마침 폭우가 쏟아지면서 커다란 천둥소리와 함께 시뻘건 번개가 지상으로 내려꽂히자, 사람들이 혼

비백산하면서 허둥지둥하게 되었다. 그러나 '혈'은 그러한 경황없는 상황 속에서도 눈 하나 까딱하지 않고, 침착하게 앉아 있을 정도였다.

할아버지인 세조는 그런 그를 무척 사랑했다. 그에 힘입어 혈은 왕세자로 성장해 갈 수 있었다. 그는 1467년인 11세에 재상이었던 한명회의 둘째딸과 혼인을 했고, 1469년 13세에 조선 제9대 왕에 즉위했다. 그러나 너무 나이가 어린 성종을 대신해서, 그의 할머니인 정희왕후가 7년 동안 대신 수렴청정을 하였다. 20세가 되던 1476년부터 할머니를 대신해서 직접 조선을 통치하기 시작한 성종은, 그때부터 자신의 능력을 십분 발휘해서 조선 사회를 눈부시게 발전시키기 시작했다.

그는 조선을 도의와 예절을 중시하고 학문과 교육을 장려하는 '성리학의 나라'로 만들기 위해, 미신과 불교를 억압했다. 그리고 다양한 책을 출간하고, 관리들로 하여금 '휴가를 얻어 독서를 하는 장소'인 독서당을 건립해서 공부를 권장했다. 또한 조정에 나이 많은 훈구세력과 젊은 신진세력들이 균형과 조화를 이루도록 하였고, 군사를 동원해서 북방의 침략자들을 평정했다.

이렇게 되자 조선은 건국한 지 백 년도 되지 않은 짧은 기간에 사회가 안정되고 꽃을 피우는 태평성대를 맞이하게 되었다. 그러나 그의 아들인 연산군이 조선 최대의 폭군이 될 줄은 누가 알았을까. 성종은 상상조차 하지 못했을 것이다.

성종의 부인인 '정현왕후의 능'으로 가려면, 아까 팻말이 있던 삼거리에서 곧장 걸어가면 된다. 숲 속의 오솔길을 따라 650미터를 걸어가야 한다. 숲속의 맑은 공기를 마시며 오솔길을 천천히 걷다 보면, 왼쪽으로 나무 계단이 설치되어 있는 오르막길이 보일 것이다. 그 나무 계단을 따라 조금만 올라가면, 곧 내리막길로 연결된다. 그리고 그 오솔길을 내려가자마자, 오른쪽에 작은 나무 계단이 나타난다. 그 나무 계단을 따라 올라가면, '정현왕후의 능'이 눈앞에 나타난다.

정현왕후의 능과 선릉 앞의 다양한 석물들

정현왕후의 능(선릉)은 정릉과는 달리, 좀 더 가까이에서 왕릉을 관람할 수 있다. 조선시대의 모든 왕릉 앞에는 죽은 왕을 기리기 위해, 다양한 인물과 동물들을 커다란 돌로 조각해 놓았다. 그리고 이곳에도 초록의 소나무들이 왕릉 주변에 심어져 작은 숲을 이루고 있다.

이제 마지막으로, 정현왕후의 남편이었던 성종의 능(선릉)을 보러 갈 차례이다. 정현왕후의 능에서 출발해서 오솔길을 따라 아래쪽 방향으로 걸어가면, 두 갈래 길이 나타난다. 곧장 아래로 내려가는 길은 넓

성종대왕릉

은 길이고, 오른쪽으로 올라가는 길은 좁은 오솔길이다.

만약에 왕릉을 좀 더 가까이에서 보기를 원한다면, 그 오솔길로 올라가야 한다. 그 오르막길은 무척 짧다. 오솔길을 오르자마자 바로 능을 가까이에서 보게 된다.

성종대왕릉(선릉)은 선정릉 공원 안에서 관광객들이 가장 가까운 거리에서 왕의 무덤을 관람할 수 있는 곳이다. 여기에도 다른 왕릉처럼 죽은 왕을 기리기 위해 커다란 돌로 조각한 다양한 인물과 동물들을 구경할 수 있다. 그리고 왕릉 주변에 조성한 무성한 소나무 숲도 볼 수 있다.

성종대왕릉은 선정릉에 조성된 '세 개의 왕릉' 중에서 가장 크고, 위치도 대단히 좋다. 여기에서 아래를 내려다보면, 선정릉에서 가장 넓은 잔디밭이 마치 커다란 녹색의 카펫처럼 깔려 있다.

게다가 주변에 솟아 있는 높은 빌딩들을 보면, 이곳이 서울에서 가장 땅값이 비싼 다운타운인 강남의 한복판이라는 사실을 새삼 실감하게 된다.

선릉의 소나무숲

선정릉 최고의 뷰(View)를 자랑하는 성종대왕릉

한류 드라마 〈대장금〉과 중종의 스토리

한류 드라마 <대장금>은 2003년 가을부터 2004년 봄까지 MBC-TV에서 방영한 54부작 미니시리즈였다. 이 드라마의 여주인공은 한류 스타인 이영애였는데, 조선 중종 때에 궁녀로 들어간 어린 장금이가 궁중 최고의 요리사가 되고, 또 천신만고 끝에 중종의 큰 신임을 받는 주치의인 대장금으로 성공하는 과정을 아주 흥미롭고 감동적으로 연출한 작품이다.

국내외에서 큰 성공을 거둔 드라마 <대장금>으로 인해, 그 작품에 출연한 대부분의 배우들도 함께 유명해졌고, 특히 그 드라마의 OST <오나라>도 국악풍의 노래 중에서 가장 유명한 OST가 되었다.

그런데 이 드라마의 주인공인 대장금이 가상의 인물이 아니라, 중종의 총애를 듬뿍 받던 실존 인물이었다는 사실을 아는 사람은 별로 없을 것이다.

한류 드라마 〈대장금〉(출처 : MBC)

그녀는 중종 10년인 1515년에 중종의 첫 번째 부인인 장경왕후(1491~1515)의 순산을 도운 공로를 인정받았고, 또한 중종 17년인 1522년 여름에는 중종의 어머니인 정현왕후의 병을 치료하여 상을 받았다.

대장금은 그러한 공을 인정받아, 30대 중반인 중종의 주치의로 발탁이 되는 파격적인 출세를 한다. 대장금을 총애한 중종은 자신의 건강이 좋지 않을 때마다 그녀에게 자신의 몸을 맡겼고, 특히 대신들이 그녀를 신뢰하지 않는 듯한 태도를 보일 때도 언제나 그녀를 따뜻하게 감싸 주었다.

그녀를 무한신뢰한 중종은 자신이 중풍과 여러 가지 합병증으로 세상을 떠나던 마지막 날까지, 자신의 질병에 관한 모든 것을 오로지 그녀가 주관하도록 지시하였다.

조선 제11대 왕이었던 중종은, 57세가 되던 1544년에 그토록 총애하던 대장금의 마지막 간호를 받으며 두 눈을 감았다. 조선의 국왕들 중에서 여성이 왕의 주치의가 된 것은, 오직 중종 때의 대장금만이 유일하다.

제2부

지하철 2호선으로 떠나는 HOT 구도심 관광

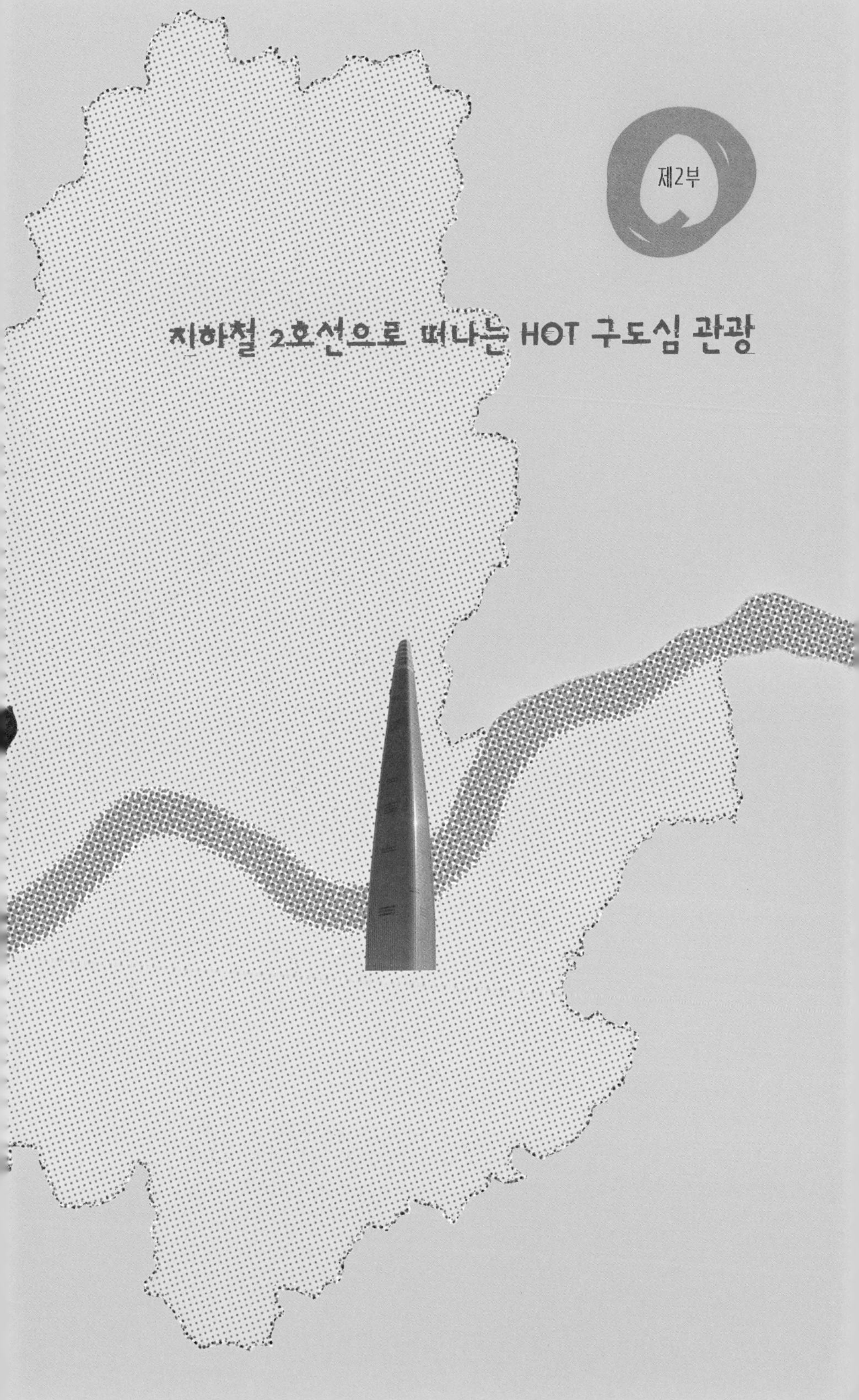

1

과거와 현대가 함께하는 역사문화 여행

서울 구도심의 중심도로는 조선시대의 가장 큰 궁궐인 경복궁에서 한국의 '국보 1호'인 남대문으로 곧장 이어지는 세종대로이다.

이 도로의 인근에는 서울의 주요 고궁인 덕수궁 · 경복궁 · 창덕궁 · 창경궁이 있고, 관광객들이 많이 방문하는 남산 한옥마을 · 청계천 · 익선동 · 인사동 · 명동 등이 위치하고 있다.

우리는 서울을 처음 방문하는 분들에게 '서울이 언제부터 한반도의 중심이 되었을까?'라는 의문을 풀어주고 싶었다. 그래서 이번에 여행 에세이를 쓰기 위해 서울과 지방의 여러 도시들을 답사하면서, 한국의 겉모습만이 아니라 한국의 오랜 역사 · 문화 · 한국인의 내밀한 정서에 대한 공부까지 심도 깊게 할 수 있도록 많은 노력을 기울였다.

BTS 아미를 비롯한 전세계의 수많은 한류 팬들은 서울을 현재 대한민국의 수도라는 정도로만 알고 있다. 그리고 역사에 조금 더 관심

광화문 방향의 세종대로

이 있는 외국인들이라면, 서울이 '조선(1392~1910년)시대 5백여 년 동안 한반도의 유일한 수도였다'는 사실까지도 알고 있다. 그러나 서울은 그보다 훨씬 오래전부터 한반도의 중심이었다.

이 책의 제1부에서 언급한 것처럼, 서울은 지금부터 2천여 년 전부터 고대 백제인들이 4백여 년 동안이나 수도로 삼았던 한반도의 가장 중요한 핵심 지역이었다. 그리고 그후에도 한반도의 3국이었던 고구려 · 백제 · 신라가 서울 일대를 차지하기 위해 치열한 전쟁을 오랫동안 치루었다.

그렇기 때문에 한반도 3국이 갖고 있던 이질적인 문화가 이곳에서 서로 교류되고 융합되면서, 지난 2천여 년 동안 서울 지역의 오랜 문화와 전통을 서서히 형성하게 되었다.

그래서 서울 올림픽 공원 내에 있는 '몽촌토성'에서는 고대의 화려한 해상왕국이었던 백제(BC 18~AD 660)의 유적뿐 아니라, 북방의 기마민족인 고구려(BC 37~AD 668)와 남방의 눈부신 황금의 나라였던 신라

일제 강점기 당시 청사와 새로 지은 청사가 함께 어우러진 서울 시청

(BC 57~AD 935)의 유적들도 함께 발견되고 있다.

삼국시대가 통일신라(676~935)시대를 지나 고려(936~1392)시대로 접어들었을 때도 서울은 주요 행정구역인 '고려 3경' 중 하나였다. 고려 3경은 처음에 개경(개성), 서경(평양), 동경(경주)를 설치했는데 제11대 문종(1019~1083) 때부터는 동경 대신에 남경(지금의 서울)을 넣게 된다.

문종은 현재 서울의 청와대가 있는 지역에 별궁인 '연흥전'을 지었고(1067), 제15대 고려 숙종(1054~1105)은 개경에 있던 수도를 '연흥전'이 있던 서울의 청와대 부근으로 이전할 계획을 세우기도 했다.

초대 대통령부터 8명의 역대 대통령들이 살던 관저와 본관이 있는 청와대 자리에 이미 오래전에 고려의 별궁인 '연흥전'이 건립되었다는 것은 한반도 전체에서 서울이 얼마나 중요한 지역이었는지를 여실히 보여주는 생생한 증거이다.

그렇다면 2천여 년 전부터 한반도에 있던 여러 국가들이 서울을 차지하기 위해 그토록 치열한 전쟁을 벌인 가장 중요한 이유는 과연 무엇이었을까? 그 이유는 바로 서울에 한강이 흐르고 있기 때문이다.

인류의 4대 문명은 모두 큰 강이 흐르는 지역에서 시작되었다.

이집트의 나일 문명 · 중동의 티그리스강과 유프라테스 강변의 메소포타미아 문명 · 인도의 인더스 문명과 갠지스 문명 · 중국의 황화 문명이 모두 큰 강변에서 시작되었다.

한강은 한반도에서 가장 넓은 유역을 갖고 있을 뿐 아니라 수량이 아주 풍부해서 어머니 같은 강이다. 그러다 보니 빗살무늬 토기를 사용하던 고대의 신석기인들은 이미 서울의 한강변인 암사동에 움집을 짓고 살고 있었다.

서울의 한복판을 동쪽에서 서쪽으로 유유히 흐르는 한강은 한반도 최고의 명산인 금강산에서 발원한 북한강과 강원도에서 발원한 남한강이 합쳐지면서 수량이 엄청 풍부한 강이 되었다. 그래서 이 일대에

남한강

는 한국에서 가장 많은 인구가 모여 살고 있는 거대한 수도권을 이룰 수밖에 없다.

한강 유역에 3개의 광역 지자체인 서울 · 경기도 · 인천광역시가 수도권을 형성하면서 무려 3천만 명이나 되는 사람들이 거대한 메가시티(Mega City)를 이루고 있다.

2천여 년이 넘는 긴 시간 동안 한강이 유유히 흐르는 서울의 넓은 들판과 높은 언덕 곳곳에 '몽천토성'(백제) · '아차산성'(고구려) · '북한산 진흥왕 순수비'(신라) · '연흥전'(고려) · '5개의 고궁'(조선) 등 많은 역사의 흔적이 남아 있다. 이들 고대와 중세의 한국인들은 한반도에서 과연 어떤 세상을 꿈꾸며 살았을까?

이제부터 우리는 여러분들과 함께 타임머신을 타고 과거 한국인들의 삶이 깃들어 있는 아주 특별한 공간을 찾아가려고 한다. 조선시대 양반들의 주거 공간인 전통 한옥마을이 바로 그곳이다.

'지하철 2호선으로 떠나는 서울의 HOT한 구도심 관광'의 첫 시작을 이렇게 하는 것도 나름 의미가 있어 보인다. 조선시대의 고풍스런 한옥들은 한반도에 살고 있는 한국인들의 오랜 문화와 내밀한 정서를 잘 이해할 수 있는 가장 전통적인 공간이기 때문이다.

한국인들이 자연 속에서 구하기 쉬운 친환경적인 재료인 황토(黃土) · 나무 · 기와 · 돌 · 한지(한국의 전통 종이)로 만든 작은 한옥 속에는, 한국인들의 전통적인 세계관과 철학과 깊은 정서가 들어 있다.

자, 지금부터 우리와 함께 '지하철 2호선으로 떠나는 서울의 HOT한 구도심 관광 1번지'인 서울의 '남산 한옥마을'로 떠나 보자.

가장 전통적인 한국의 풍경들

한국은 수천 년 동안 농업국가였기 때문에, 한국인들의 가장 전통적인 주거형태는 가을에 들판에서 수확한 볏집으로 지붕을 만든 초가(草家)였다.

벽은 진흙과 볏집을 섞어서 만들었고, 방바닥도 돌과 황토를 섞어서 만들었고, 마루도 나무로 만든 쪽마루였다. 이처럼 자연친화적인 집에 거주하는 일반 서민들은 하얀색으로 된 한복을 입고 살았다. 그래서 조선시대 말에 한반도를 찾아온 많은 외국인 언론인들은 '조선인들이 모여 있는 모습이 흡사 백학(白鶴)이 떼를 지어 모여 있는 것 같다'고 말했다.

일반 서민들의 집인 초가집

이처럼 흰옷을 즐겨 입었기 때문에 '백의(白衣)의 민족'이라는 별칭이 있는 조선인들이지만, 특별한 날에는 다양한 색깔의 한복을 차려입고 외출을 하였다. 그런데 아래 사진에서 보는 것처럼 고급스럽고 화려한 한복을 입고 외출할 정도의 사람들은 사실 초가(草家)에서 사는 일반 백성은 아니었을 것이다. 아마도 초가보다 훨씬 좋은 주택인 기와지붕이 있는 한옥(韓屋)에 거주하는 양반이나 부자들이었을 것으로 짐작한다.

한복을 입은 부부

을지로3가역

2

조선시대 전통 한옥의 멋

남산골 한옥마을

고대역

남산골 한옥마을은 충무로역을 이용해 갈 수 있다.

잠실역에서 지하철 2호선을 이용한다면, 교대역에서 내려서 지하철 3호선에 탑승한 다음 충무로역까지 가면 된다. 만약 서울의 다른 지역에서 출발한다면, 을지로3가역에서 지하철 3호선으로 갈아탄 후에 충무로역에서 내리면 된다. 또는 지하철 4호선 충무로역을 이용해도 된다. 여기에서 '3번 출구'로 나오면 회색기둥에 '남산골 한옥마을'이란 흰색의 글자와 화살표가 보일 것이다. 하얀색 화살표가 선명하게 가리키는 오른쪽으로 발길을 옮기면, 바로 앞에 'HOLLYS COFFEE' 간판을 단 카페가 있는 삼거리가 나타난다. 그 삼거리에 서면, 남산골 한옥마을의 웅장하면서도 아름다운 정문이 시야

'남산골 한옥마을' 글씨와 화살표

남산골 한옥마을 대문

에 들어올 것이다.

높이가 265m인 남산은 서울 구도심에서 가장 가까운 곳에 위치하고 있는 유명한 산이다. 서울을 둘러싸고 있는 다른 산들이 바위가 많고 높은 봉우리를 가진 남성적인 산인 것에 비해, 남산은 유달리 흙과 나무가 많고 봉우리가 부드러워 아주 온화하고 푸근한 어머니 같은 느낌을 주는 산이다.

조선시대에 남산 일대의 작은 골짜기에는 가난한 선비(좋은 인품을 가진 학자)들이 꽤 많이 모여 살았다고 한다. 그래서 서울에는 옛날부터 이런 말이 전해지고 있다.

'남산골 샌님.'

이 말은, '몰락한 가난한 선비가 쓸데없이 자존심만 높은 것을 비웃는 표현'이다.

또 이런 말도 전해지고 있다.

'남산골 딸각발이.'

이 말은 '높은 벼슬도 없고 경제적으로도 궁핍한 남산골에 사는 선비가 신을 살 돈이 없어서 나무로 깎은 나막신을 신고 다니는 모습을 빗대어 표현한 것이다.

지금 남산골 한옥마을이 조성되어 있는 이 일대의 풍광이 옛날에는 몹시 수려했다고 한다. 남산의 북쪽에 위치한 이 일대가 조선시대에는 맑은 물이 흐르는 아름다운 계곡이 있고 숲이 울창하게 우거졌다고 한다. 그래서 '신선과 선녀들이 사는 이상향'을 의미하는 '청학동'(푸른 학이 날아오는 파라다이스)으로 불렀다.

현재 이곳에는 조선시대 후기인 19세기에 지은 고풍스런 전통 한옥 세 채, 또 조선시대 말인 1907년에 조상들에게 제사를 지낼 때 사람들이 머무는 용도로 지은 한옥 한 채, 일제 강점기(1910~1945)가 막 시작되던 시기인 1910년대에 조선의 양반들이 살던 한옥을 복원한 가옥 한 채, 모두 다섯 채가 모여 있다.

이 한옥들은 조선시대의 전통 한옥들이 제대로 보존되어 있지 않은 서울에서, 그나마 조선 후기에 지은 전통 한옥의 분위기를 느낄 수 있는 아주 귀중한 문화유산들이다.

남산골 한옥마을의 정문 안으로 들어가면, 왼쪽에 '푸른 학이 날아오는 연못'이란 뜻을 가진 '청학지'가 있고, 그 연못을 내려다보며 편안하게 쉴

청학지

천우각

'한옥마을'로 입장하는 가장 오른쪽의 계단

수 있는 넓은 장소인 '천우각'이 자리잡고 있다.

나무로 만든 마루가 넓게 깔려 있는 천우각 안으로 들어가면, 연못 오른쪽에 검은 기와를 지붕에 얹은 한옥들이 모여 있는 것을 볼 수 있다.

입구에 있는 계단의 '가장 오른쪽에 있는 나무 대문'을 열고 들어서면, 마치 시골에 온 듯한 고즈넉한 분위기의 한옥과 정겨운 골목길을 걷는 힐링 체험을 하게 된다.

이제부터 잠시 호흡을 가다듬고, 저와 함께 한반도에 있었던 중세의 왕국인 조선시대로 들어가는 '마법의 문'으로 입장할 준비를 하기 바란다. 계단 위에 있는 출입문 안으로 천천히 들어가면, 조선시대 후기의 한옥 다섯 채가 오손도손 모여 있는 넓은 마당을 보게

작은 대문

된다.

넓은 마당 안으로 들어서자마자, 오른쪽에 첫 번째로 보이는 한옥이 한 채 있다. 이 한옥은 조선 최대의 궁궐인 경복궁을 다시 건축할 때(1865~1868), 우두머리 목수로 참여했던 이승업이 직접 지은 자신의 저택이다.

전통 한옥의 대문으로 들어갈 때 가장 먼저 감상해야 하는 것이 있다. 새하얀 벽과 어우러진 갈색의 나무가 보여주는 신의 아름다움과 전체적인 조형미다. 조선시대의 전통 한옥은 집으로 들어가는 작은 대문 그 자체만으로도 이미 소박하면서도 정갈한 조선인의 마음이 깃들어 있는 아름다운 예술작품이다.

조선시대의 전통 한옥에서 대문 안으로 들어가면 가장 먼저 보이는 것이 넓은 마당이다. 그런데 마당에 꽃밭도 없이 텅 비어 있는 이유는 무엇일까? 그것은 농업사회의 독특한 특징이다. 논이나 밭에서 가져온 수확물들을 말리고, 다듬고, 짚으로 새끼를 꼬는 등의 일을 하는 다용도의 작업장으로 마당을 사용했기 때문이다. 즉 한옥의 앞마당은 단순한 관상용의 아름다운 공간이 아니라, 땀을 흘리며 노동을 해야

넓은 마당

소박한 방

부엌

했던 실생활의 공간이었던 것이다.

이 한옥에는 그 당시 사람들이 사용하던 여러 가지 살림살이들과 부엌 물품들을 함께 전시하고 있어서 차분하게 구경하기에 좋다.

한옥의 내부는 새하얀 천장과 한지를 바른 방문과 갈색의 나무로 된 서까래와 굵은 기둥이 절묘하게 어우러져 독특한 미를 발산하다.

한옥의 천정 내부

여기에서 강인하면서도 자연적인 아름다움이 느껴지는 것이다.

한옥의 천장을 가만히 올려다보고 있으면, 마치 몬드리안의 현대 미술을 보는 듯한 느낌이 들 정도로 단순하면서도 정갈한 아름다움이 현대인의 지친 마음을 황홀하게 한다.

두 번째 관람할 한옥은 조선시대 후기에 장군을 지낸 김춘영이 1890년에 건축한 저택이다.

이승업의 한옥 대문에서 밖으로 나와 오른쪽으로 걸어가면, 오른쪽에 좁은 골목이 나타난다. 마치 미지의 세계로 안내하는 듯한 한옥 사이의 좁은 골목을 따라 계속 걸어간다. 그러면 골목이 끝나는 막다른 곳에 갓 시집온 새악시처럼 수줍은 미소를 품은 듯 다소곳이 서 있는 한옥 한 채가 보일 것이다.

김춘영의 한옥에는 들어가는 문이 2개가 있는데, 오른쪽의 작은 대문은 사랑채로 들어가는 입구이고, 왼쪽의 큰 대문은 안채로 들어가

좁은 골목길

장옷(쓰개치마)

는 입구이다. 먼저 오른쪽의 작은 대문으로 들어가서 사랑채부터 구경하기로 한다. 조선시대의 양반들은 '남녀 7세 부동석'이라는 말이 성행할 정도로 남녀의 구별을 엄격히 하는 사회 환경에서 살았다. 그래서 남성들이 사는 공간과 여성들이 사는 공간이 서로 분리되어 있었고, 여성들은 밖으로 외출할 때 이슬람 여성들이 쓰는 히잡(Hijab)처럼 얼굴을 가리는 '장옷'(쓰개치마)을 어깨 위에 둘러야 했다. 그래서 한옥

넓은 대청마루와 뒤주

의 주인인 남자는 사랑채에서 따로 지냈고, 여성과 아이들은 안채에서 별도로 생활했다.

다시 사랑채 대문 밖으로 나와서, 이번에는 큰 대문을 통해 안채로 들어간다. 안채에는 각 방마다 당시의 생활용품들이 전시되어 있고, 특히 넓은 대청마루 중앙에는 우리의 주식인 쌀을 보관하는 나무로 만든 '뒤주'가 놓여 있다.

여기에서도 고개를 들어 위를 올려다보면, 새하얀 컬러의 천장과 갈색의 서까래가 현대적인 감각의 예술작품처럼 보인다. 천장에서 더욱 돋보이는 것은 '대들보'이다. 서까래 아래에 강인해 보이는 굵은 나무가 가로로 놓여 있는 걸 말한다. 이처럼 대들보가 건물을 받쳐주는 중요한 역할을 하는 데서 비유해 한국인들은 가족 중에서 중심이 되는 사람을 '집안의 대들보'라고 표현한다.

세 번째 한옥은 1870년대에 건축된 저택이다. 이 한옥의 주인은 민영휘(1852~1935)인데, 조선시대 후기에 대단히 유명한 조선의 귀족 가문 출신이었다. 고종의 부인인 명성황후와 동일한 성을 사용하는 친척 관계였다.

우리가 나라를 빼앗길 때 그는 일본에 적극적으로 협력하여 '자작'이란 작위를 수여받았고, 일제 강점기에 '조선 최고의 갑부'라는 말을 들을 정도로 엄청나게 많은 재산을 모았다. 나라를 팔아 얻은 재물로 평생을 호의호식하면 살았던 것이다. 그의 집은 남산골 한옥마을에서 가장 큰 규모를 자랑할 정도로 고래등 같은 저택이다.

우리가 민영휘의 집을 방문한 날에 마침 '한옥, 꽃을 담다'라는 제목의 전시회가 열리고 있었다. 남산골 한옥마을에 있는 전통 한옥들은 북촌의 근대 한옥들에 비해 규모가 훨씬 크고, 특히 넓은 마당을 갖고 있다. 그래서 계절에 따라 이러한 문화 이벤트를 개최하기에 무

척 안성맞춤이다. 덩달아 우리도 한옥과 함께 아름다운 작품들도 두 눈으로 감상하는 즐거움을 누릴 수가 있었다.

후원에는 한국인이 주방에서 음식을 요리할 때 가장 중요하게 생각

장독대

하는 곰삭은 된장 · 고추장 · 간장을 연중내내 보관하는 장독대가 있다. 햇볕이 잘 드는 양지바른 장소에 잘 만들어져 있었다. 그리고 넓은 방안에는 여러 가지 옛 그림과 고가구들도 잘 놓여 있어서 조선시대 양반들의 생활문화를 좀 더 잘 이해할 수 있다.

특히 한국과 일본과 중국에서 '무병장수의 상징'으로 너무나 유명한 백학(두루미, 천연기념물 202호)을 그린 병풍 그림이 벽의 한가운데에 세워져 있다. 초록의 소나무 가지 위에 10마리의 백학들이 우아하게 앉아 있는 기품 있는 그림인데, 보통 '송학도'라고 한다. 소나무는 사시사철 색깔이 변함이 없기 때문에 한국인들이 유달리 좋아하는 나무다. 인증샷을 찍기에 좋은 포토존이다.

남산골 한옥마을에는 학(鶴)과 연관있는 장소가 무척 많다. 이 일대를 조선시대에는 '푸른 학이 날아오는 동네'라는 의미를 가진 '청학동'으로 불렀고, 현재 남산골 한옥마을 안에는 '푸른 학이 날아오는 연못'이라는 의미를 가진 '청학지'가 있고, 또 가장 웅장한 저택인 민영휘 가옥에는 '송학도'가 있다.

서울에는 강남구에서 유명한 '학동'(鶴洞)이 있고, 서초구에는 지하철 3호선에 '학여울역'이 있고, 인왕산에는 '황학정'(黃鶴亭)이 있고, 관악산에는 '학바위 능선'이 있고, 또 청계천에는 프리마켓(Free Market)으로 유명한 '황학동'(黃鶴洞)과 황학교(黃鶴橋)와 무학교(舞鶴橋)가 있다.

왜 이렇게 서울에는 학과 관련된 장소가 많을까?

한국은 물론이고 일본과 중국에서도 문화적인 측면과 예술적인 측면에서 학은 대단히 중요한 의미를 갖고 있다. 특히나 조선의 문화에서도 학은 더없이 중요한 문화 코드였다.

조선시대에 한국인들은 외국인들로부터 '백의의 민족'(白衣의 民族)이라는 말을 들을 정도로 흰색의 한복을 즐겨 입었다. 그런데 '백의의 민족'의 상징이 바로 학이다.

조선시대 후기에 한반도를 방문한 외국인들은 흰색의 옷을 입은 조선인들이 한 곳에 모여 있는 모습을 보고는 '마치 수많은 학들이 무리

송학도

를 지어 모여 있는 것처럼 보인다.'고 묘사했다.

그러면 조선인들의 학에 대한 오랜 경외감은 과연 어디에서 유래된 것일까?

아직 역사가 기록되기 전인 고대에는 샤머니즘과 토테미즘과 애니미즘이 종교의 역할을 대신하고 있었다. 그런데 중앙아시아에서 동아시아에 이르는 광대한 지역에는 신조(神鳥) 토테미즘이 있었다.

신조. 토테미즘은 곧, '새를 신성시하는 문화'이다.

고대인들은 파란 하늘을 자유롭게 날아다니는 새들이 하늘에 있는 절대자와 대지 위의 인간들을 영적으로 연결해주는 매우 신성한 존재라는 믿음을 갖고 있었다. 그래서 드넓은 만주와 한반도의 북부를 다스렸던 기마민족인 고구려인들은 머리에 새가 두 날개를 활짝 펴고 하늘로 날아가는 모습을 한 금속제 모자인 조우관(鳥羽冠)을 썼고, 고구려 문화의 영향을 받은 가야인과 신라인들도 고구려 스타일의 조우관을 머리에 썼다.

그런데 세월이 흐르면서 이러한 신조 토테미즘은 아시아의 신선 사상(神仙思想)과 결합한다.

신선(神仙)은 영원히 늙지 않고 죽지 않는 유토피아 같은 이상향(理想鄕)에 사는 영험한 사람이다. 그런데 전설에 의하면, 그 신선들이 타고 다니는 새가 바로 학이다.

이처럼 학은 신선이나 선녀들이 타고 다니던 신성한 새로 존경을 받았을 뿐 아니라, 때로는 학이 신선과 동일한 대접을 받기도 했다.

1392년에 고려(936~1392)를 이어 새롭게 건국한 조선은 중국의 공자와 맹자가 만든 학문인 유학(儒學)을 숭상한 '유교 국가였고, 서울의 성안에는 절을 지을 수 없도록 금지한 '불교억압국가'였다.

그러나 그들의 내면에는 중국에서 태어난 인류의 위대한 스승인 노자(老子)와 장자(莊子)의 가르침인 '도가사상'(道家思想)과 맥을 함께하는

'신선사상'(神仙思想)에 심취되어 있었다.

그래서 많은 조선인들은 '일상생활 속에서 열심히 도(道)를 닦아 불로장생(不老長生)하는 신선이나 선녀가 되는 것'을 꿈꾸었다. 그리고 그러한 신선사상의 주인공인 학을 그토록 경외했던 것이다.

네 번째 방문하는 기와집은 지금까지 구경한 3채의 한옥들과는 달리 20세기 초에 지어진 근대 한옥이다.

조선이 일제의 식민지가 되기 전에 잠시 동안 대한제국(1897~1910)이란 국호를 사용하던 시기가 있었다. 대한제국의 마지막 왕이었던 순종이 조상에게 제사를 지낼 때 임시로 거주하는 한옥이 필요했다. 그래서 순종의 장인이 1907년에 이 한옥을 지었다.

이 한옥의 안채로 들어가기 위해서는 나무로 만든 작은 대문으로 들어가야 한다. 각 방에는 그 당시의 생활용품들이 잘 전시되어 있다.

화조도 병풍이 있는 방

또 꽃과 새를 그린 아름다운 '화조도' 병풍과, 도자기와 작은 소반도 잘 배치되어 있었다.

특히 8폭으로 되어 있는 '화조도' 병풍 중에서 우아한 백학 두 마리가 꽃이 활짝 핀 나뭇가지 위에 기품 있게 서 있는 모습을 찾는 것도 이 한옥을 구경하는 특이한 즐거움이 될 것이다.

또한 한옥을 구경할 때 반드시 알아야 할 또 하나의 '감상 포인트'는 추녀 끝을 감상하는 것이다. 한옥의 추녀 끝은 마치 학이 목을 길게 빼고 파란 하늘을 올려다보는 것처럼 허공을 향해 살짝 들려 있다. 이것은 미학적으로도 매우 아름답고, 또 비와 습기에 약한 나무로 지은 한옥에 따뜻한 햇볕을 보다 더 잘 받아들이게 하는 실용적인 효과도 아주 크다.

한옥의 후원으로 가면 발효식품의 보물창고인 장독대도 잘 복원해 놓았고, 여러 가지 옛날 농기구들을 보관하고 있는 창고도 있다.

한옥의 추녀 끝

이제 마지막으로 보게 되는 다섯 번째 한옥은, 1910년에 지은 근대 한옥을 복원한 것이다. 이 한옥의 본래 소유자는 대한제국의 마지막 황제인 순종 장인의 큰형인데, 그는 중추원 부의장을 지낸 윤덕영이다. 그러나 이 한옥은 너무 낡아서 그 당시 지어진 건축양식을 참고로 해서 다시 복원한 것이다.

작은 나무 대문을 통해 한옥 안으로 들어가면, 작은 사각형 모양의 나무와 한지를 바른 예쁜 창호문들이 나타난다. 그리고 왼쪽에는 안채로 들어가는 통로가 있다. 안채로 들어가기 위해서는 이 작은 대문을 지나서 다시 오른쪽으로 들어가야 한다.

작은 대문을 지난 뒤에, 다시 오른쪽에 있는 큰 대문으로 들어간다. 이 큰 대문이 이 한옥의 대문이다. 대문 안으로 들어서면 안채가 보인다.

그날 이 한옥에도 다양한 예술작품들이 설치되어 있었다. 그래서 우

안채

리는 아름다운 작품들을 감상하는 기쁨을 또다시 느낄 수 있었다.

이 한옥에는 가족들을 위해 음식을 만들던 부엌 내부를 잘 꾸며 놓았다.

윤덕영 한옥 구경을 끝마친 뒤에는, 한옥의 서쪽 방향에 있는 큰 대문으로 다시 나간다. 바로 앞에 아름다운 천우각과 '푸른 학이 날아오는 연못'인 청학지가 있다.

천우각에서 연못을 바라보면서 잠시 휴식을 취하면서 남산골 한옥마을의 여정을 마무리하는 힐링의 시간을 즐겨 보는 것도 좋다.

부엌 내부

카페 '달강'

서울 남산 국악당

'달강'은 천우각에서 남쪽으로 3분 남짓 올라가면, 좌측에 보이는 '서울 남산 국악당' 안에 있는 카페이다.

카페 '달강'은 실내에 있지만, 잘 찾아보면 후원의 정원이 한눈에 들어오는 명당자리에 앉을 수도 있다.

이 자리는, 카페 '달강' 내에서 건너편에 있는 녹색의 나무와 꽃을 바라보면서 시원한 바람을 느낄 수 있는 명당이다. 특히 꽃이 피는 봄과 단풍이 곱게 드는 가을에, 이 자리에서 바라보는 후원의 풍광은 몹시 아름답다.

마리나양이 앉았던 명당

카페 〈달강〉 내부

그리고 봄과 가을에는, 카페 '달강'의 옆에 붙은 녹색의 잔디밭과 긴 마루에서 향기로운 차를 즐길 수 있는 특별한 이벤트가 진행된다.

카페 달강에서 차를 마시고 난 뒤엔, 달강 앞에 있는 아름다운 시냇가를 유유자적하게 산책하면서 남산의 맑은 기운(氣運, 좋은 에너지)을 온몸 가득히 담는 것도 좋을 것이다.

남산골 한옥마을에서 보이는 '남산 타워'

을지로3가역

3

서울에서 가장 신성한 곳

남산

교대역

한국인들에게는 민족의식을 대변하는 노래 두 곡이 있다. 그중 하나는 〈아리랑〉이다.

> 아리랑~아리랑~ 아라리요~
> 아리랑 고개를 넘어간다~~~~

이렇게 시작하는 민요 〈아리랑〉은 수천 년이 넘는 오랜 역사 동안 한국인들의 삶의 애환을 달래 주며 함께해 왔다. 구슬픈 멜로디와 가슴 아픈 사연이 담긴 가사는 가슴속 깊숙히 자리잡은 한국인 특유의 슬픔의 정서인 한(恨)을 표출하고 공유한다.

한국인들은 전세계 어디에 살든지 〈아리랑〉을 함께 부르면서 그들의 영혼의 고향인 한반도를 마음속에 떠올리며 한민족의 동질성을 자연스럽게 느낀다.

또 다른 노래는 〈애국가〉다. 〈애국가〉는 〈아리랑〉보다 훨씬 더 직설적이다.

서울 구도심의 상징인 남산 타워

〈애국가〉는 한국인들이 일제 강점기(1910~1945)에 한국인의 정체성을 되찾고 애국심을 북돋우기 위해 새롭게 만든 노래이다. 처음의 〈애국가〉는 스코틀랜드의 민요인 올드 랭 사인(Auld Lang Syne)의 멜로디에 맞춰 불렀기 때문에 〈아리랑〉처럼 아주 구슬픈 느낌을 주는 곡이었다. 그러나 유럽에서 유학하던 음악가 안익태가 새롭게 작곡을 하면서 〈애국가〉는 아주 웅장한 곡으로 탄생하게 되었다.

한국인이라면 누구나 아는 〈애국가〉의 1절은 "동해물과 백두산이 마르고 닳도록~"으로 시작한다. 그 다음은 2절은 "남산 위에 저 소나무 철갑을 두른 듯~"으로 시작한다. 그만큼 한국인들에게 '남산'은 한국인의 5천 년이 넘는 오랜 역사와 문화의 상징인 '동해'와 '백두산' 만큼이나 소중하고 의미있는 장소이다.

사실 남산은 백두산(2744m)이나 제주도의 한라산(1947m)처럼 높은 산이 아니다. 게다가 서울에서 유명한 산인 북한산(836m)이나 도봉산(740m)이나 관악산(632m)보다도 훨씬 낮은 산이다.

그런데 왜 남산이 〈애국가〉에 당당히 등장할 정도로 유명한 산이 되었을까? 이는 수도를 개성에서 서울로 옮긴 조선의 건국(1392)과 깊은 연관이 있다.

고려시대(918~1392)의 수도는 개성이었다. 태조 이성계가 고려의 뒤를 이어 조선을 건국하면서 새로운 수도로 옮길 필요성이 대두된다. 이성계는 측근인 무학대사와 정도전과 긴밀한 협의를 거쳐 지금 서울의 구도심인 북악산 아래로 수도를 결정되게 된다.

한양이라는 지명으로 불려졌던 당시 서울의 범위는 경복궁을 에워싸고 있는 동서남북의 네 개의 산 안에 있는 아늑한 공간이었다. 북쪽의 북악산 · 서쪽의 인왕산 · 동쪽의 낙산 · 남쪽의 남산이 바로 네 개의 산이다.

남산은 270m 높이에 동서의 길이가 2.7km이고, 남북의 길이가 2.1km이다. 남산의 모습을 풍수지리적으로 살펴본 책인『한강식략』에 남산의 형세가 마치 '안장을 벗어버린 말이 앞으로 힘차게 달려나가는 모습' 같다고 적혀 있다.

조선시대에 남산은 경배의 대상이었다.

1397년에 태조는 남산에 국사당을 세웠다. 국사당은 남산을 수호하는 신령스러운 존재인 '목멱대왕'을 모시는 대단히 성스러운 장소다. 그래서 사람들은 국사당이 있는 남산을 숭상했다. 이를 알고 민심을 장악하기 위해 일제는 국사당이 있던 남산에 일본의 태양신인 '아마테라스 오미카미'를 모시는 경성신사와 일본 통감부를 세웠다.

이처럼 조선시대와 일제 강점기를 거쳐 현대에 이르기까지 남산은 서울에 살던 사람은 물론 전국에서 다녀간 수많은 사람들의 가슴속에 다양한 기억으로 남아 있는 영혼의 안식처가 되었다.

이렇게 의미 깊은 남산을 찾아가 보는 것도 의미 있는 관광이 될 것이다. 남산을 가는 가장 쉬운 방법은 지하철 충무로역 옆에 있는 버스 정류장에서 1번 버스에 탑승하는 것이다.

남산골 한옥마을 관광을 끝낸 후에 다시 정문으로 나오면 좌측에 지하철 충무로역 4번 출구가 보인다. 그 옆에 보면 작은 버스 정류장이 도로변에 세워져 있다. 이곳이 바로 '남산을 운행하는 유일한 버스'인 1번 버스가 정차하는 버스 정류장이다. 여기에서 1번 버스를 타면 남산이 시작되는 동국대학교 방향으로 버스가 움직인다.

충무로역 버스 정류장을 출발한 1번 버스는 몇 분 후에 지하철 4호선의 '동국대입구역'이 있는 장충동 사거리에서 우회전을 한다. 버스가 우회전을 할 때, 길의 코너에 하얀 색깔로 만든 '장충단공원'이란 글자가 눈에 들어온다.

버스가 우회전을 하자마자 오른편으로 무성하게 우거진 수풀 사이에 있는 아주 오래된 돌다리 하나가 언뜻 눈에 들어온다. 조선시대에 청계천에 세워져 있던 수표교이다. 수표교는 청계천에 비가 많이 내리면 물의 양을 재는 다리였는데, '장충단공원'을 조성할 때 이곳으로 옮겨 왔다. 우리는 '신라호텔 버스 정류장'에 잠시 내려서 고색창연한 '6백 년 전의 수표교'를 함께 걷기로 했다.

남산이 막 시작되는 지점에 조성된 '장충단공원'은 울창한 소나무

6백 년 전의 돌다리인 수표교

숲이 보기 좋았다. 그리고 남산에서 맑은 물이 흘러내리는 시내 위에 돌로 만든 6백 년 전의 수표교가 튼튼하게 다시 세워져 있다. 도로 건너편에는 삼성그룹에서 운영하는 최고급 호텔인 신라 호텔이 보인다.

1번 버스는 그곳에서부터 가파른 오르막을 올라가기 시작한다. 도로 오른쪽에는 장충동과 대통령 집무실이 있는 용산을 연결하는 '남산 제2터널'이 보인다.

버스가 거의 고갯마루까지 다 올라가면, 좌측에는 또 다른 고급 호텔인 반얀트리 호텔이 높이 솟아 있다. 그리고 버스는 그곳에서 크게 우회전을 하는데, 우측에 보이는 건물은 다양한 예술공연들이 열리는 '남산 국립극장'이다.

이제 버스는 이곳에서부터 일방통행으로 '남산공원'의 아름다운 숲속 길을 본격적으로 오르기 시작한다. 특히 이 길은 양쪽에 190종이

버스에서 내다본 남산 순환도로

넘는 수많은 나무들이 울창한 숲을 이루고 있기 때문에, 주말에는 맑은 공기를 마시며 자전거를 타거나 걷는 사람들이 상당히 많다. 느긋한 마음으로 앉아서 차창 밖으로 보이는 남산의 아름다운 경치를 즐겁게 감상하게 된다.

약 10여 분 정도 고갯길을 오르면, 버스는 '남산전망대 정류장'에 정차한다. 여기에서 하차하면 우측에 서울을 조망하는 장소가 있고, '남산 전망대' 안내판도 세워져 있다. 그리고 파란 하늘 아래 높이 솟은 남산 타워가 두 손에 잡힐 듯이 가깝게 보인다.

이제 그곳에서 '남산 타워'와 '팔각정'과 '봉수대'와 '국토의 원점 표시점'을 볼 수 있는 남산의 정상으로 가려면, 아스팔트로 포장된 넓은 오르막길을 조금 더 올라가야 한다.

정상에 올라가면 정면에 보이는 넓은 광장의 가장 높은 곳에 '8각정'이 세워져 있다. 그리고 좌측으로는 남산 타워가 하늘 높이 솟아 있다. 남산 타워는 방송국의 전파 송출을 위해 1969년 12월 공사를 시작해 1975년 8월에 완공되었다.

남산 정상의 남산 타워

그곳에서 오른쪽을 바라보면, 알록달록한 자물쇠들이 마치 포도송이처럼 주렁주렁 매달려 있는 나무 데크가 놓여 있다. 젊은이들에게 가장 인기 있는 곳이다.

남산으로 데이트를 나온 수많은 연인들의 추억의 장소라고 할 수 있다. 이곳에는 연인들이 사랑의 맹세를 적어 놓고 자물쇠를 채워 놓으면 사랑이 영원히 지속된다는 속설이 전해진다. 그래서 남산을 찾는 연인들이라면 으레 여기에 들러 사랑의 맹세를 하곤 한다.

수많은 자물쇠들을 구경하고 나서, 그 옆길로 들어가면 조선시대 수도였던 한양(서울)을 방어하기 위한 통신수단이었던 봉수대가 나타난다.

조선의 수도인 한양에는 왕궁과 주택을 보호하기 위해, 서울의 동서남북에 있는 4개의 산인 북쪽의 북악산 · 서쪽의 인왕산 · 동쪽의 낙산 · 남쪽의 남산을 연결하는 긴 성벽을 쌓았다. 그러나 길이 18km의 성벽만으로 방어하기에는 너무나 취약한 부분이 많았다. 그래서 서울

자물쇠들로 무거운 나무 데크

남산 봉수대

의 남산에다 봉수대을 세웠다. 전국의 해안이나 국경에서 발생하는 긴급한 일들을 보고받기 위해서였다.

봉수대에 봉화둑이 5개인 이유는 다음과 같다.

가장 동쪽에 있는 첫 번째 봉화둑은 한반도의 동북쪽에 있는 함경도와 강원도의 소식을 알리는 '아차산성에서 오는 봉화신호'를 받는 곳이다.

두 번째 봉화둑은 한반도의 동남쪽에 있는 경상도의 소식을 알리는 '경기도 광주의 봉화신호'를 받는 곳이다.

세 번째 봉화둑은 한반도의 서북쪽에 있는 평안도와 황해도의 육지 소식을 알리는 '무악산의 봉화신호'를 받는 곳이다.

네 번째 봉화둑은 한반도의 서북쪽에 있는 평안도와 황해도의 해안가 소식을 알리는 '봉화신호'를 받는 곳이다.

가장 서쪽에 있는 다섯 번째 것은 한반도의 남서쪽에 있는 충청도와 전라도의 소식을 알리는 '개화산의 봉화신호'를 받는 곳이다.

조선의 제4대 왕인 세종대왕(1397~1450)이 다스리던 시대부터 정식으로 운영된 남산의 봉수대는 조선의 국방을 수호하는 대단히 중요한 시설이었다.

봉수대 바로 옆에는 '팔각정'이 세워져 있다. 이 팔각정은 조선시대부터 남산의 수호신이었던 목멱대왕을 모시던 '국사당'이 있던 매우 영험스런 장소였다.

팔각정 아래에 있는 남산 타워로 천천히 내려가니, '평일에는 오전 11시부터 오픈하고, 주말에는 오전 10시 30분부터 오픈한다'는 글씨가 적혀 있다.

팔각정과 남산 타워

남산 타워에서 내려다본 서울의 야경

우리는 광장 아래쪽에 있는 '서울의 명소가 새겨진 둥근 표시판'으로 다가갔다. 표시판을 찬찬히 살펴보니, 서울의 남동쪽 방향에 서울의 랜드마크인 롯데월드 · 석촌호수 · 88올림픽 경기장 · 싸이의 〈강남스타일〉 조형물이 있는 서울 올림픽 공원 · 종합운동장 · 한국무역전시관 등이 선명하게 새겨져 있다. 또 그 옆에 세워진 남산 전망대 옆에 서서 옅은 안개가 자욱하게 낀 서울의 구도심을 내려다보았다.

서울의 중심점

잠시 후, 우리는 '서울의 중심점'이 표시된 원형 조형물을 찾았다. 남산이 서울의 중심에 있다는 점을 기록해 두기 위해, 그 지점을 표시해 놓은 것이다. 그 원형 조형물에서도 서울의 신도심

3구인 서초구 · 강남구 · 송파구라는 글씨를 발견했다. 원형 조형물에 새겨진 서울의 모습은 마치 '한국의 상징'인 무궁화 꽃잎처럼 생겼다.

남산에는 '한국인의 혼'(魂)이 깃든 아주 특별한 장소가 있다. 이제 독자들을 그곳으로 안내하기로 한다.

사실 깊은 역사의식을 지닌 양식 있는 한국인들에게 가장 중요한 남산의 장소는 남산 타워도, 봉수대도, 팔각정도 아니다. 그보다는 일제 강점기에 한국인의 기상을 보여주고 잦아들던 한국인의 혼을 다시 일깨워 준 두 애국지사의 동상이 세워져 있는 곳이 있어 남산을 찾는 의미가 깊어진다. 그 장소는 바로 '백범 광장'과 '안중근 의사 광장'이다. 사실 이런 곳이 있는지 일반인들은 잘 모르고 있는 것 같아서 이번 기회에 한번 찾아가 보기로 했다.

먼저 광장으로 가기 위해서는 '남산 타워 버스 정류장' 방향으로 다시 내려가야 한다. 내려가다 보면 길 오른쪽에 서울을 둥글게 에워 쌓았던 옛 성벽이 보인다.

넓은 길을 따라 정류장 방향이 보이는 곳까지 더 내려가면, 오른쪽

남산의 성벽

으로 '1번 버스'가 내려갔던 넓은 아스팔트 도로가 보인다. 여기서 크게 우회전을 하면, 아스팔트로 잘 포장된 긴 도로가 두 눈에 선명하게 들어온다. 이제부터는 걷기 편한 내리막길이기 때문에 천천히 남산의 숲길을 걸어서 내려가는 것도 좋다.

남산의 정상에서 출발해서 남산의 숲길을 20분 정도 걸어 내려가면, 폭이 4차선인 넓은 도로와 만나게 된다. 여기에서 우측으로 발길을 돌리면, 백범 광장과 안중근 의사 광장으로 올라가는 2차선 도로가 나타난다.

약간 오르막인 인도를 따라 5분 남짓 걸어가면, 하얀 건물이 보인다. 이 건물은 예전에는 '어린이회관'이었다. 조금만 더 걸어가면 정

안중근 의사의 동상

안중근 의사 기념관

면에 강인한 구릿빛이 나는 '안중근 의사의 동상'이 서 있는 '안중근 광장'이 보인다. 동상에는 한문으로 대한국인(大韓國人) 안중근(安重根)이라고 적혀 있다. 동상 뒤편에는 거대한 바위들이 곳곳에 세워져 있고, 또 바위의 앞과 옆과 뒷면에는 많은 글씨들이 한문으로 적혀 있다. 안중근 의사가 남긴 말을 바위에 새겨 놓은 것이다.

안중근 의사 광장 옆에는 '안중근 의사 기념관'이 있다.

이곳에 전시되어 있는 안중근 의사의 글을 읽을 때 유묵(생전에 남긴 먹으로 쓴 글씨나 그림)에 선명하게 찍혀 있는 손도장을 자세히 살펴보기 바란다. 안중근 의사의 손에서 4번째 손가락이 새끼 손가락만큼이나 짧다는 것을 알 수 있을 것이다. 그 이유는 '조선을 일본의 식민지로부터 해방시키는 일에 자신의 목숨을 걸겠다'는 맹세를 다지기 위해 날카로운 칼로 자신의 손가락을 잘랐기 때문이다.

1909년 10월 26일. 조선을 일본의 식민지로 만드는 데 앞장선 이토 히로부미가 중국의 하얼빈 역에 도착하는 순간, 안중근 의사는 권총으로 그를 사살하였고, 1910년 봄에 30세의 나이에 중국 랴오닝성 다롄시에 있는 뤼순 감옥에서 형장의 이슬로 사라졌다.

당시 일제는 안중근 의사가 한국인들에게 영웅으로 숭상되는 것을 막기 위해 가족에게 시신도 돌려주지 않았다. 그러고는 아무도 모르게 매장해 버리고 매장한 장소도 알려주지 않고 숨겨 버렸다. 그래서 지금도 시신을 찾지 못해 안중근 의사는 그토록 그리워하던 고국으로 돌아오지 못한 채 차디찬 중국땅에 묻혀 있다. 하루빨리 귀국할 수 있기를 간절히 바란다.

이제는 백범 광장으로 이동해 보자.

안중근 의사 기념관 옆에 있는 두 개의 큰 바위 사이를 보면, 아래

백범 김구 동상

쪽으로 내려가는 오솔길이 보인다. 오솔길을 따라 내려가면 두 눈이 시원해질 정도로 넓은 광장이 나타나는데, 초록의 잔디밭이 깔끔하게 잘 조성되어 있다. 그 광장이 바로 '백범 광장'이다.

백범 광장 오른쪽에는 한국인이 가장 존경하는 민족 지도자 중 한 분인 백범 김구 동상이 세워져 있다. 동상 뒤에는, 한반도와 만주와 중국을 떠돌면서 조선의 독립을 위해 투쟁했던 고단한 삶을 상징적으로 조각한 작품이 있다. 그리고 김구의 『백범일지』의 「나의 소원」 일부가 검은 돌에 새겨져 있다. 김구의 조국과 민족에 대한 가슴절절한 사랑과 불타는 애국심을 피눈물로 적은 명문이다.

백범 김구가 쓴 『백범일지』의 「나의 소원」에 나오는 명문 중에서 다음의 글은 지금도 한국인들에게 큰 감동을 주고 있다.

> 나는 우리나라가 세계에서 가장 아름다운 나라가 되기를 원한다. 오직 한없이 가지고 싶은 것은, 높은 문화의 힘이다.

남산 성벽의 전망대

백범 김구 광장의 서쪽에는 남산의 성벽이 잘 복원되어 있다. 그리고 성벽 위에는, 남산 아래에 있는 힐튼 호텔과 서울역 방향의 빌딩들이 잘 보이는 작은 전망대가 있다.

우리는 백범 김구 광장 아래에 있는 또 한 분의 위대한 영웅의 동상을 보기 위해 발걸음을 옮겼다. 바로 독립 운동가 이시영의 동상이다.

이시영 동상 좌측에는 작은 상수도 시설물이 만들어져 있고, 그곳엔 두 갈래 길이 보인다. 우리는 우측으로 난 시멘트 포장길을 따라 아래로 걷기 시작했다. 길의 오른쪽엔 풀이 무성하고, 유명한 힐튼 호텔이 다시 시야에 들어온다. 또한 길의 좌측에는, 남산에서 힐튼 호텔 방향으로 복원한 남산의 성벽도 다시 볼 수 있다.

남산의 싱그러운 풀 냄새를 맡으면서 3~4분 남짓 아래로 내려가면, 또다시 오솔길이 두 갈래길로 나뉜다. '남산 케이블카'라고 적혀 있는 우측 방향으로 걸음을 옮겼다. 1분 정도 걸어가자, 좌측 방향으로 예쁜 잔디밭이 보였다.

싱그러운 숲의 향기가 은은하게 번지는 그곳으로 걸어가자, 오른쪽에 말을 탄 장군의 동상이 하나 세워져 있다.

약 1,500년 전 고구려 · 신라 · 백제로 나뉘어져 있던 한반도를 최초로 통일한 신라의 장군인 김유신이다. 우리는 그 동상 앞에 서서, 우크

독립운동가 이시영 동상

라이나의 수도인 키이우의 소피아 광장에 세워져 있는 우크라이나 민족 영웅 보흐단 흐멜니츠키(Bohdan Khmelnytsky)의 기마상을 떠올렸다.

17세기 우크라이나 카자크족의 지도자였던 보흐단 흐멜니츠키는, 오스만 · 폴란드 · 리투아니아의 공격으로부터 우크라이나의 독립을 이룬 위대한 영웅이며, 우크라이나의 지폐에도 등장한다.

한반도의 3국을 통일한 통일신라의 영웅인 김유신 장군의 멋진 동상을 마지막으로 감상한 우리는 한국의 '국보 1호'인 '남대문'으로 가기 위해 오솔길을 다시 내려가기 시작했다.

오랜 기간 동안 남대문은 남산과 더불어 서울 관광의 상징과 같은 곳이었다. 남대문은 조선시대 이후 한양의 왕궁인 덕수궁과 경복궁으로 가기 위한 첫 번째 대문이었기 때문이다. 그리고 지금도 서울 구도심의 중심인 서울 시청 · 청계천 광장 · 광화문 · 청와대를 향해 일직선으로 이어지는 도로인 세종대로가 시작되는 남쪽 관문이다.

삼국을 통일한 김유신 장군의 동상

남산의 오솔길이 끝나는 곳에서 남산을 순환하는 큰 도로와 만나게 된다. 그러면 약간 경사가 진 남산순환 도로에서 좌측으로 발길을 돌린다. 그 도로의 왼쪽에는 초록의 담쟁이 넝쿨로 뒤덮힌 남산의 성벽이 있다. 그리고 남산의 성벽이 끝나는

남산 육교

곳에 '남산공원'이라는 커다란 팻말이 세워져 있는 남산공원 입구가 나타난다.

그곳에서 오른쪽을 보면 건널목이 보인다. 그 건널목을 건너서 좁은 인도를 따라 아래로 걷기 시작한다. 좁은 인도를 따라 2분 정도 걸으면, '남산육교'라고 적힌 예쁜 다리가 나타난다. 이 다리 아래에 있는 도로는 서울의 간선도로인 '퇴계로'이다.

퇴계로는 서울의 구도심을 동서로 이어주는 매우 중요한 도로인데, 퇴계로의 북쪽에는 '을지로'가 있다. 그리고 을지로 북쪽에는 유명한 관광명소로 다시 태어난 청계천이 흐르는 '청계로'가 있다. 그리고 청계로 북쪽에는 조선시대에 '수많은 사람들이 구름처럼 많이 몰려 다녔다'는 뜻에서 '운종가'로 불렸던 '종로'가 있다.

그래서 광화문에서 남쪽으로 이어지는 세종대로와, 또 세종대로와 동서로 연결되는 네 개의 큰 도로인 종로 · 청계로 · 을지로 · 퇴계로만 알면, 서울의 구도심을 관광하기에 아주 편리하다.

서울의 전통 한옥을 관광할 수 있는 '남산골 한옥마을'을 가는 충무로역 3번 출구와 남산을 순환하는 유일한 1번 버스를 탈 수 있는 버스 정류장이 바로 퇴계로에 있다.

그 다리를 지나서 2분 정도 더 걸어가면 한국의 '국보 1호'인 남대문이 서 있는 사거리가 시야에 들어오기 시작한다. 그곳에서 건널목을 건너가면 바로 남대문에 도착한다.

남대문을 살펴본 후에 서울의 구도심 관광을 계속 하고 싶다면, 가장 가까운 곳에 있는 고궁인 덕수궁으로 향하면 된다. 남대문에서 덕수궁까지는 불과 15분 남짓 걸으면 되는 아주 가까운 거리이다.

이제 덕수궁에서부터 본격적인 '서울의 4대 고궁 여행'이 시작된다.

도로 한가운데에 있는 남대문

큰 화재를 겪은 후 다시 복구된 남대문

2008년 2월 10일 밤.

한국인들은 아주 큰 충격에 빠졌다. 대한민국의 '국보 1호'인 남대문이 어느 노숙자의 방화에 의해, 파리의 노트르담 대성당처럼 뜨거운 화마에 휩싸이는 충격적인 광경을 TV뉴스로 보게 된 것이다.

그로부터 5년 후.

한국인의 뜨거운 성원에 힘입어 2013년 4월 29일에 남대문은 다시 복원되었고, 2013년 5월 4일에 한국인들과 관광객들 앞에 다시 제 모습을 당당하게 드러낼 수 있게 되었다.

남대문의 원래 명칭은 숭례문(崇禮門)인데, 이 명칭은 '예의를 숭상하는 문'이

새로 복원된 남대문과 성벽

라는 의미를 갖고 있다. 한때는 '동방예의지국'(東方禮儀之國)이라는 칭송을 들을 정도로 예의범절을 중요하게 생각했던 나라답다. 조선에서는 유교의 '인간의 다섯 가지 덕목(德目)'인 인의예지신(仁義禮智信), 즉 어질고, 정의롭고, 예의바르고, 지혜롭고, 믿을 수 있는 사람이 되는 것을 무척 강조했다.

그래서 동대문은 글자 인(仁)이 들어간 흥인지문(興仁之門)으로, 서대문은 글자 의(義)가 들어간 돈의문(敦義門)으로, 남대문은 글자 예(禮)가 들어간 숭례문(崇禮門)으로, 북대문은 글자 지(智)가 들어간 홍지문(弘智門)으로 이름을 지었다. 그리고 종로의 입구에 있는 종각은 글자 신(信)을 넣어서 보신각(普信閣)이라고 불렀다.

대화재로 소실된 남대문을 다시 복원하면서 가장 큰 변화는, 남대문과 연결되어 있던 옛 성벽도 함께 복원한 것이다. 그래서 남대문 앞에 서서 좌우에 있는 높은 성벽을 바라보면, 남대문이 옛날에 '한양으로 들어가는 남쪽의 관문이었다'는 사실을 새삼 깨닫게 된다.

남대문 내부의 용 2마리

시청역

4

덕이 많고 오래 살기를 기원하는 왕궁

덕수궁

나는 마리나와 함께 남산골 한옥마을 관광과 남산 관광을 즐겁게 마친 후에 '조선시대 4대 고궁 여행'의 첫 출발을 서울시청 건너편에 위치한 덕수궁에서 시작하기로 했다. 덕수궁은 지하철 2호선과 지하철 1호선의 환승역인 '시청역'에서 하차하면 아주 편리하고 쉽게 방문할 수 있다.

덕수궁이 위치한 서울 정동 일대는 조선 후기의 격동기였던 19~20세기의 혼란스럽고 가슴아픈 역사의 흔적이 고스란히 남아 있는 '조선시대 최초의 외교단지'가 있던 지역이다.

덕수궁이 있는 이 일대를 '정동'이라고 부르는 이유는 조선을 건국한 태조 이성계의 부인인 신덕왕후의 무덤이 이곳에 있었는데, 그 무덤의 명칭이 '정릉'이었기 때문이다. 그후 제3대왕인 태종이 신덕왕후의 무덤인 정릉을 서울의 북쪽에 위치한 한적한 북한산 계곡 아래로 이장시켰다. 그래서 지금은 그곳이 정릉이 되었다.

오랫동안 빈 터로 남아 있던 정릉 일대는 시간이 지나면서 차츰 왕족이나 귀족들이 탐을 내는 곳이 되었다. 점차 고래등 같은 한옥이 들어서기 시작했다. 이 일대가 경복궁과 가깝고, 또 관리들이 근무했던 육조거리(세종대로)와 한양(서울)의 다운타운이었던 운종가(종로)와 매우 가까운 곳이었기 때문에 입지 조건이 좋았던 셈이다.

이 일대에서 가장 유명한 왕족의 저택은 '월산대군의 집'이었다.

월산대군(1454~1488)은 제7대 왕인 세조의 손자이고, 제9대 왕인 성종(1457~1495)의 형이다. 시를 잘 짓고 자연을 사랑하고 매우 낭만적이었던 월산대군은 엄청난 규모의 집을 지어 놓고 풍류를 즐기며 살았다. 그후 이 저택은 제14대 왕인 선조에 이르러 국가에 귀속되어 왕궁으로 바뀌게 된다. 바로 임진왜란(1592~1597) 때문이었다.

1592년 4월에 조선을 기습 공격한 16만 명의 일본군에 의해 불과 20일 만에 한양이 점령되었다. 결국 선조는 중국에 도움을 급히 요청

했고, 한반도 북쪽의 압록강변까지 황급하게 피난을 떠나야 했다. 일본의 갑작스런 침략이라고는 하지만 선조는 속수무책으로 당하기만 하였다. 이순신 장군이 이끄는 수군이 아니었다면 조선의 운명이 어찌되었을지 아무도 장담할 수 없을 지경이었다.

16세기 말에 한반도에서 7년 동안(1592~1598) 계속되었던 이 참혹한 전쟁 기간 중에 서울에 있던 가장 큰 궁궐인 경복궁은 물론이고, 인근에 있던 궁궐인 창덕궁과 창경궁까지 소실되고 말았다. 전쟁이 끝나고 선조가 다시 돌아왔을 때 폐허로 변한 한양에는 국왕이 거처할 왕궁이 아예 존재하지 않았다.

선조는 경복궁 남쪽에 있는 고대광실인 '월산대군의 집'과 인근의 저택들을 임시 왕궁으로 사용할 수밖에 없었다. 당시에는 '정릉동 행궁'이라 불렀는데, 이후에 광해군이 '경운궁'이라는 이름을 내려주었다. 그후 인조 때에 다시 월산대군 가문의 소유로 돌려주었는데, 경운궁이 다시 궁으로 사용된 것은 고종 때부터다. 1896년 명성황후의 시해 이후 러시아 공사관으로 피신해 있던 고종이 이곳으로 거처를 옮

덕수궁 홍보물

기면서 대한제국의 정궁이 되었다. 1907년 고종이 황제에서 물러나고 뒤를 이은 순종이 창덕궁으로 거처를 옮기면서 경운궁은 고종의 거처가 된다. 이때 궁의 이름을 '덕수궁'으로 바꾸었다.

덕수궁에 얽힌 배경 이야기는 이쯤 해두고 다시 관광 이야기로 돌아가자. 우리처럼 남대문에서 출발하면 걸어서 15분 남짓 걸릴 정도로 손쉽게 덕수궁을 찾을 수 있다. 이런 경우에 한국인들은 이런 위트 넘치는 속담을 사용한다.

'넘어지면 코 닿는다'

이 속담의 의미는, '넘어지면 그 장소에 본인의 코가 닿을 정도로 아주 가까운 거리에 있다'는 것이다.

하지만 다른 곳에서 출발한다면 어떻게 할까? 만약 덕수궁으로 오기 위해 롯데 월드 타워가 있는 잠실역에서 지하철 2호선을 탄다면, 시청역에서 내리면 된다. 잠실역에서 시청역까지는 약 30분 남짓 소요된다. 그런데 잠실역에서 지하철 2호선을 이용할 때, 가능하면 잠실역→건대입구→성수→신당→을지로3가→시청역 방향으로 이동하

대한문

는 것이 바람직하다. 이 코스로 이동하면, '잠실나루역'에서부터 지상에 있는 한강다리인 '잠실철교'를 통해 아름다운 한강을 바라보며 이동할 수 있다.

그리고 지하철 2호선 시청역에서 내리게 되면, 먼저 12번 출구를 찾아야 한다. 12번 출구를 통해 계단 위로 올라가게 되면, 덕수궁으로 가는 넓은 인도가 보인다. 그 길로 1~2분 정도 걸으면, 왼쪽에 덕수궁의 정문인 '대한문'이 보일 것이다.

만약 지하철 1호선을 타고 온다면, 지하철 1호선의 시청역에서 내려야 한다. 그러고는 2번 출구를 찾아 계단 위로 올라오면, 바로 눈앞에 덕수궁의 정문인 대한문이 모습을 드러낸다.

덕수궁의 매표소에서 입장권을 사서 대한문으로 들어가면, 밝은 회색의 돌다리가 나타난다. 넓고 편편한 돌다리를 지나면 직선으로 곧게 뻗은 길이 눈앞에 보이는데, 그 길은 덕수궁에서 가장 중요한 건물인 '중화전'으로 가는 길이다.

흙과 가는 모래가 섞인 밝은 색깔의 마사토가 깔려 있는 길을 2분

대문에서 바라본 중화전

남짓 걸으면, 오른쪽에 중화전의 정문인 '중화문'이 나타난다. 중화문 안으로 들어가면, 덕수궁에서 조선의 임금이 공식 업무를 보았던 궁전인 중화전이 모습을 드러낸다. 중화전은 국왕이 신하들과 함께 국사를 의논하던 곳이다.

고색창연한 중화전에서 왼쪽으로 고개를 돌리면, 아름다운 꽃과 녹색의 잔디와 시원한 분수가 있는 예쁜 정원이 나타난다. 이 정원 옆에는 긴 등나무 덩굴로 뒤덮힌 시원한 그늘과 벤치가 있어서, 예쁜 정원을 감상하면서 쉬기에 무척 좋은 장소이다.

정원 건너편을 보면 한국의 궁궐에서는 보기 힘든 건물이 있다. 거대한 대리석을 이용해 서양식으로 건축한 '석조전'이다. 제26대 왕이며 대한제국의 초대 황제였던 고종(1853~1919)이 사용했던 이 건물은 현재 '대한제국 역사관'으로 사용되고 있다. 그 옆에 또 하나의 석조 건물이 있는데, 이 건물은 미술관으로 사용하고 있다.

중화전에서 오른쪽으로 발걸음을 옮기면, 또 두 채의 큰 기와 건물이 보인다. 이곳은 국왕이 일상생활을 하던 사적 공간이었다. 국왕이

대한제국 역사관

함녕전과 덕홍전

우크라이나 출신의 사바틴이 설계한 건물인 정관헌

잠을 자던 건물인 '함녕전'이 있고, 그 옆에는 외국에서 온 사신들을 환영하던 건물인 '덕홍전'이 있다.

이 건물들 뒤쪽의 야트막한 언덕 위에 아주 독특한 이색 건물이 홀로 우뚝 세워져 있다. 이 건물은 마리나의 고향인 우크라이나에서 온 유명한 건축가 사바틴(Sabatin)이 설계한 건물인 '정관헌'이다.

사바틴은 '조선에 온 최초의 우크라이나인'이다. 그는 고종 20년(1883년)에 국제 무역항인 제물포(인천)를 통해 처음 입국했다. 1883년부터 무려 20년 동안이나 서울과 인천에 거주했던 그의 직책은 고종을 지키는 호위부대의 부대장이었다.

한창 혈기왕성한 23살의 젊은 나이에 서울에 도착한 사바틴은 서울의 기념비적인 건물들을 건축하면서 자신의 명성을 떨치기 시작했다.

사바틴이 참여한 건축물은 근대 서울을 만드는 데 크게 기여한 획기적인 건물들이 무척 많았다. '을사보호조약'(1905년)을 체결로 조선의 외교권을 일본에 빼앗긴 아픔을 간직한 '중명전' · 고종이 커피를 마시던 덕수궁의 '정관헌' · 경복궁의 서양식 서재인 '관문각'이 모두 사바틴의 참여 속에서 건축되었다.

특히 덕수궁의 '정관헌'은 영화 〈가베〉의 실제 촬영 장소로도 유명하다. 또한 서대문 밖에 세워진 '독립문'과 최초의 서양식 호텔인 '손탁호텔'(현재 이화여고)도 사바틴이 설계와 건축에 참여한 건물들이다. 그리고 고종이 아관파천(1896년) 때 세자와 함께 1년 동안 피신했던 정동에 있는 '러시아 공사관'도 그의 작품이다.

현재 뾰쪽한 첨탑만 남아 있는 러시아 공사관 건물은, 그 당시 정동 일대에 세워진 미국 · 프랑스 · 영국 · 독일 공사관 건물과는 비교하기 힘들 정도로 압도적인 위용을 자랑하던 아름다운 건물이었다고 한다.

사바틴의 건축가로서의 진면목은 조선의 개항 항구였던 제물포에서 또다시 빛을 발했다. 탁월한 건축가였던 사바틴은 수많은 조선인들로부터 "서양 건축의 비조(鼻祖)"라는 찬사를 받았다.

사바틴이 인천에 머무는 동안, 높이 69m의 응봉산 자락에 수십 채의 유럽식 건물들을 세운 것이다. 이것이 '한반도 최초의 유럽식 마을'이다. 이 주변에는 '한반도 최초의 서양식 공원'인 '만국공원'(현재의 자유공원)이 조성되어 있었다.

조선의 국제 무역항이었던 제물포에는 개항이 되자마자, 일본인 거류지와 중국인 거류지와 유럽 각국의 사람들이 거주하는 국제적인 마을이 조성되고 있었다. 이 거리는 '조선시대 최초로 근대적인 개념의 도시계획'이 수립되고 실행된 곳이다.

이외에도 사바틴이 건축한 인천의 유명한 건축물로는 인천 세관청사, 세창양행 사옥, 인천에 거주하는 외국인들의 사교 모임 장소로 유명한 제물포 구락부 등이 있다.

사실 인천은 1868년에 개항한 일본의 고베항과 닮은 부분이 꽤 있다. 고베에도 산노미야 역 인근의 나지막한 언덕에 오르면, 19세기에 건축된 수십 채의 유럽식 주택들이 있다. 그래서 고베를 여행하는 관광객들은 산노미야 역에 방문하는 것을 주요 관광 코스에 포함시킨다.

덕수궁은 비교적 작은 궁궐이기 때문에, 1~2시간이면 충분히 관광을 다할 수 있다. 덕수궁의 연못가에는 관광을 다 끝낸 뒤 잠시 휴식을 취할 수 있는 예쁜 카페가 있다. 예쁜 연못을 보면서 차를 마시기도 좋고, 또 연못 주변에는 천천히 걸을 수 있는 산책로와 벤치도 놓여 있다.

황금색 유리구슬을 전시하는 연못

마침 우리가 덕수궁을 답사한 날은 프랑스의 설치미술가인 장 미셸 오토 니엘이 연꽃 모양으로 만든 황금색 유리구슬을 전시하는 특별한 이벤트가 진행되고 있었다. 또한 연못의 가장자리에는 깊은 땅속에서 샘솟는 청량한 물이 2022년의 무더운 삼복더위를 시원하게 식혀 주고 있었다.

카페에서 차를 마신 우리 두 사람은 노란 보석을 물 위에 뿌려 놓은 것처럼 아름다운 연노란색의 어리연꽃들을 감상하면서 탄성을 질렀다. 또 눈부신 아침햇살을 머금은 것처럼 화려한 황금색 유리구슬로 만든 예술작품을 감상하는 색다른 시간을 가졌다.

연노란색의 작은 어리연꽃이 핀 연못

연인들의 사랑과 이별을 간직한 덕수궁 돌담길

덕수궁 관광을 마친 후 후문으로 나가면 분위기 좋은 덕수궁 돌담길과 만나게 된다. 물론 정문으로 나가서 옆 길로 돌아서 걸어 올라오는 방법도 있다. 하지만 덕수궁 관람을 한 후에는 후문으로 나오는 게 훨씬 빠르다.

이 길은 젊은 연인들에게 인기 있는 길이었다. 수많은 연인들이 이 길을 걸으며 사랑을 다짐하고, 또 이 길에서 이별의 아픔을 달래고는 했다. 그래서 수많은 이들에게 덕수궁 돌담길은 낭만과 사랑과 추억의 길이다. 또 이곳에서 데이트를 하면 반드시 이별을 한다는 속설이 유행하기도 했다.

이 돌담길은 대중가요의 소재가 되기도 했고, 오래 전부터 많은 드라마나 영화

아름다운 덕수궁 돌담길

의 배경이 될 정도로 유명했다. 사랑하는 연인을 만나 함께 걷는 행복한 모습을 보고 함께 즐거워하거나 이별의 슬픔을 안고 쓸쓸히 걸어가던 주인공의 뒷모습을 바라보며 눈물짓던 시절이 있었다.

요즘도 이 돌담길을 찾는 연인들을 자주 보게 된다. 아무리 세상이 급속도로 변한다 해도 우리의 감성은 여전히 아날로그적인가 보다. 이 길은 가을날 낙엽이 흩날릴 때, 또 하얀 눈이 펑펑 내리거나 소복이 쌓였을 때 더없이 아름답다. 요즘은 야간에 다채로운 조명을 밝혀 놓아 색다른 아름다움을 뿜어내기도 한다.

이 돌담길에서 사랑의 에너지를 듬뿍 받아가길 바란다.

정동의 아름다운 돌담길을 배경으로 인증 샷!

서울의 축복, 대한 성공회 대성당의 아름다움

덕수궁 돌담길 옆에는 영국 대사관이 있다. 그리고 그 옆에는 서울에서 가장 유서 깊고 성령 충만한 성당 건물이 있다. 바로 영국 성공회의 한국 대성당인 '대한 성공회 주교좌 성당'이다.

하늘에서 내려다보면 대형 십자가 모양으로 건축되었다는 이 건물은 서울의 도심에서 축복처럼 만나는 로마네스코 스타일의 성공회 대성당 건물이다.

영국 성공회는 마르틴 루터가 일으킨 종교개혁 기간인 1534년에 바티칸의 로마 카톨릭과 분리되어 영국 교회의 교리와 전통을 따르는 교회의 총칭이다. 일명 '영국 국교회'라고도 부른다.

영국 성공회는 한반도에서 사는 조선인들과 일본인들을 포교하기 위해 1890년 9월 29일에 디딘 코프(Charles John Gorfe) 선교사를 인천항으로 입국시킨

대한 성공회 주교좌 성당

다.

사제 1명과 은퇴한 영국인 의사를 대동하고 조선에 들어온 그는 영국 영사관(현재 영국 대사관)과 인접한 서울 정동에 한옥 한 채를 구입했다. 그리고 1890년이 저물어 가던 12월 21일에, 그 한옥에서 감격스런 최초의 미사를 올린다.

이 작은 한옥에서 시작한 조선 포교가 큰 발전을 하게 된 것은, 1922년에 지금의 대성당을 착공한 트롤로프 주교(Mark Napier Trollope)의 공이 크다.

대한 성공회 대성당 건물은 외관도 무척 독특하고 아름답지만, 이 건물의 진정한 아름다움은 건물 안에 있다. 마치 인간의 내면이 외모보다 훨씬 더 소중한 것처럼.

대한 성공회 주교좌 성당의 아름다운 내부 모습

시청역

5

경사스러운 복을 부르는 왕궁

경복궁

세계 각국의 수도에 있는 수많은 고궁들 중에서 서울의 경복궁만이 갖고 있는 독특한 점들이 몇 가지 있다. 그 중에서도 가장 눈에 띄는 점은 도심 속에 있으면서도 산과 조화를 이룬 곳에 위치하고 있는 자연친화적인 고궁이라는 것이다.

한국을 처음 방문한 대부분의 관광객들이 경복궁에 들어가게 되면, 정문인 광화문에서부터 근정전 · 사정전 · 교태전 · 건천궁으로 곧게 이어지는 옛 건물들을 사진에 담느라 여념이 없다. 어디에서도 본 적 없는 경복궁의 외관이 신기하기만 할 것이다.

만약에 이런 왕궁을 건축한 14세기 말 조선인들의 마음과 감성을 온전히 느낄 수 있다면 경복궁을 제대로 관광했다고 말할 수 있다. 마치 어머니의 따뜻한 품처럼 경복궁을 온화하게 품고 있는 서울의 산들이 경복궁과 조화를 잘 이루고 있는 모습을 눈여겨보기 바란다. 그러면 자연의 품속에 안겨서, 자연과 조화를 이루면서 가장 자연스럽게 살기를 원했던 조선인들의 '자연회귀(自然回歸) 사상'과 정서를 오롯이 느낄 수 있다.

규모로 따지면 중국의 베이징에 있는 자금성이 훨씬 웅대하고, 화려함으로 따지면 프랑스의 베르사이유 궁전이 훨씬 화려하다. 그러나 중국의 자금성이나 프랑스의 베르사이유 궁전에는 경복궁처럼 궁전을 온화하게 껴안고 있는 산들이 없다.

세계의 유명한 수도인 워싱턴 · 파리 · 런던 · 도쿄 등을 살펴봐도, 도심에서 산을 바라볼 수 있는 수도는 참으로 드물다. 유럽의 문화수도인 파리에서 가장 높은 산이라고 하면, 작은 언덕에 불과한 높이 130m의 몽마르뜨 언덕이 있을 뿐이다.

이러한 자연환경은 한국의 건축 문화에 독특한 점을 지니게 했다. 한국의 전통적인 건축에서 중요하게 생각하는 것 중 하나가 '건축물의 뒤쪽에는 북쪽에서 불어오는 차가운 겨울 바람을 막아주는 산이 있어야 한다'는 것이다. 그리고 '건축물의 앞쪽에 맑은 물이 흐르는 강이나 호수가 있어야 한다'는 것도 중요하게 생각했다. 만약 건축물의 앞쪽에 강이나 호수가 없으면, 작은 시내라도 있거나 심지어 연못을 만들기도 한다.

이처럼 '집의 뒤쪽에 숲이 가득한 산이 있고, 집의 앞쪽에 맑은 시냇물이 졸졸 흐르는 곳에 집터가 있는 것을 사자성어로 '배산임수'(背山臨水)라고 한다.

경복궁은 전통적인 건축 조건인 '배산임수의 원칙'에 매우 충실하게 잘 지어진 궁궐이었다. 경복궁의 북쪽에는 북악산(342m)이 있고, 남쪽에는 맑은 청계천이 흐르고 있다. 더 나아가면 한강이 흐른다.

경복궁의 뒷쪽에 있는 산도 자세히 보면, 북악산 하나만 있는 게 아니다. 북악산의 좌측에는 인왕산(338m)이 마치 어깨동무를 하고 있는 절친한 동무처럼 다정하게 서 있다. 그리고 북쪽의 북악산과 인왕산

광화문(光化門)

뒤편에는 더 높고 험한 북한산(836m)이 있다. 마치 두 산과 경복궁을 지켜주는 수호천사처럼 위풍당당하게 자리잡고 있다.

그래서 경복궁은 이름처럼 복받은 왕궁이다. 울창한 숲속에서 시원한 바람이 불어오는 북악산의 양지바른 산자락에 머리를 두고, 생명의 물소리가 온종일 들려오는 청계천의 맑은 물에 두 발을 푹 담그고 있는 복받은 땅에 지어진 조선 최대의 왕궁이다.

중국에서 조선으로 전해진 유학에서도 가장 형이상학적인 '성리학'을 신봉한 조선의 학자들, 특히 정도전은 배산임수의 길지(吉地) 위에 형이상학적인 '성리학'의 이상세계를 구현하기 위해 경복궁을 건설했다.

경복궁으로 들어가기 위해선 먼저 광화문을 지나야 한다.

광화문을 통과해 경복궁으로 곧장 걸어 들어가면, 흥례문(興禮門, 예절을 잘 지키는 문)이 정면에 보인다.

광화문과 흥례문 사이 안마당에서 수문장 교대식을 재현하는 모습

흥례문 안쪽으로 들어가면, 돌다리가 하나 있다.

경복궁은 1395년에 약 46만 평방미터(14만 평)의 땅 위에 지어졌다. 궁궐로 들어오는 사악한 기운을 막기 위해 맑은 물이 흐르는 '금천'을 만들었고, 금천 위에는 돌다리를 놓았다.

돌다리의 좌우에는 사악한 기운을 노려보는 상상의 동물 네 마리가 돌로 조각되어 있다. 그런데 동물 조각을 자세히 살펴보면 한 마리의 표정이 조금 달라 보인다. 혀를 입 밖으로 낼름거리는 우스꽝스런 표정을 하고 있는 것이다. 국왕이 신하들과 함께 국정을 의논하고 집행하는 중요하고도 엄숙한 궁궐로 들어가는 첫 번째 관문에 이렇게 익살스런 표정을 만들어 놓을 생각은 누가 한 걸까. 함상궂은 표정의 동물들 사이에서 슬그머니 한 마리에 파격을 주는 것. 이것이 바로 한국인이 갖고 있는 독특한 유머인 '해학과 익살'이 아닐까 싶다.

세계 어느 나라를 가 보아도 왕궁은 대단히 엄숙하고 장엄하다. 그러나 한국인들은 이러한 궁중문화를 자연스럽지 않다고 본 것이다. 아름다운 자연 속에서 자연과 더불어 자연스럽게 사는 것을 가장 큰 행

혀를 낼름거리는 모습의 동물상

복으로 여기는 한국인들의 문화에서 엄숙함과 장엄함은 전혀 자연스럽지 않고 작위적인 것이다.

그래서 엄중한 자세로 궁궐을 지키는 동물의 표정에서조차 해학성을 표현하고 있는 것이다. 혀를 길게 내밀고 '메롱'하며 장난을 걸어오는 듯한 익살스런 표정으로 조각함으로써 엄숙한 궁중문화 속에서 마치 천진난만한 어린아이 같은 웃음을 유발시키는 '해학의 지혜'를 발휘했다. 우리는 익살스런 표정의 그 동물을 한참 바라보다가 입가에 살며시 미소를 지었다.

좀 더 안으로 들어가면 커다란 문이 나오는데, 이 문은 근정문(勤政門)이라고 해서 '부지런하게 국사를 돌보는 문'이라는 뜻을 지니고 있다. 근정문 안으로 들어가면 임금이 신하들과 국정을 의논하던 장소인 근정전(謹正殿)이 근엄한 모습으로 서 있다.

조선의 역대 임금들은 '조용한 아침의 나라'라는 국호에 걸맞게 아주 이른 새벽부터 일과를 시작했다고 한다. 보통 새벽 4~5시에 기상을 했다. 잠자리에서 눈을 뜬 임금은 먼저 세수를 하고 의관을 정제한 후에, 먼저 왕실의 높은 어른인 대비에게 문안 인사를 올리는 것으로 하루 일과를 시작했다

아침 7시경에 간단한 죽을 먹고 아침공부를 시작한 임금은 10시경에 아침식사인 '수라'를 했고, 곧 신하들과 주요 업무를 시작해야 했다. 오후에도 임금은 쉬는 일 없이 오후 공부와 많은 신하들을 접견해야 했고, 저녁에는 전국에서 올라온 상소문을 읽어야 했다.

특히 조선의 국왕들은 경륜이 풍부하고 영민한 신하들로부터 '왕(王)의 도(道)'를 배우는 경연을 매일 해야 했는데, 하루에 4회나 진행했다. 그래서 왕들은 이른 새벽부터 늦은 밤까지 부지런하게 움직여야 했다. 경복궁을 설계한 정도전이 왕의 업무 공간을 '근정전'이라고 한 이유를 알 듯도 하다.

근정전의 위엄 있는 모습. 좌우에 품계석이 줄지어 있고 바닥에는 박석이 깔려 있다.

근정전은 조선시대의 목조 건물들 중에서 가장 큰 규모를 자랑한다. 근정전과 근정문 사이의 바닥에 잘 다듬어진 돌이 아니라, 바닥이 울퉁불퉁한 자연석인 '박석'이 깔려 있는 것도 특이하다. 이것 역시 인공적인 것보다 자연스러운 아름다움을 선호하는 한국인의 미의식을 보여주는 대표적 사례다.

"여기는 장마비가 억수처럼 쏟아지는 한여름 장마철에 오면, 더 멋있는 자연을 느낄 수 있다"고 알려 주자 마리나는 무척 신기해했다.

"근정전의 넓은 공간에 비가 많이 내리면, 물 빠짐이 좋아야 해요. 그래서 근정전을 만들 때에 우리의 선조들은 근정전 건물이 있는 북쪽의 지면이, 근정문이 있는 남쪽의 지면보다 더 높게 만들었어요. 그리고 약간 경사진 이 바닥에 약간 울퉁불퉁해 보이는 박석을 전부 깔았어요. 그래서 장마철에 비가 많이 내리면, 그 빗물들이 박석의 울퉁불퉁한 면 위로 마구 튀어오르면서 박석과 박석 사이에 나 있는 좁은 홈 사이로 작은 물길이 생기게 되죠. 그 모습은 마치 축소된 들판과 시내 사이로 시냇물이 마구 흘러가는 것처럼 매우 아름다워요. 그래서 여기에 있는 박석들은 여름 장마철의 배수에 아주 큰 도움을 준답니다."

근정전의 앞마당은 국왕이 신하들과 함께 나라의 공식 행사를 하는 곳이다. 그래서 박석이 깔려 있는 넓은 공간에 신하들이 서 있는 자리를 표시한 '품계석'이 마치 돌로 만든 말뚝처럼 세워져 있다.

좌우의 품계석

근정전을 바라보고 섰을 때 좌측에는 무반(군사를 움직이는 조직의 대표)들이 서고, 우측에는 문반(행정을 움직이는 조직의 대표)이 섰다. 그래서 조선시대의 귀족들은 무반과 문반으로 나뉘는데, 이를 통칭해서 '양반'이라고 불렀다. 그리고 조선의 왕을 모시는 무반(武班)과 문반(文班)들이 함께 나라의 일을 의논하는 이 넓은 장소를 조정(朝廷)이라고 지칭했다.

근정전 뒤에 있는 건물은 사정전이다. 사정전은 임금의 집무실이다. 그래서 공식행사를 근정전에서 끝낸 임금은, 사정전으로 이동해서 그

왕이 업무를 보던 사정전

날의 업무를 보았다.

사정전의 의미는 '심사숙고해서 국사를 진행하라'는 것이다. 임금은 한 나라를 다스리는 정치의 중심이기 때문에, 경솔하게 행동을 하면 안 되는 자리이다. 그래서 백성들의 삶에 대해 무한책임을 져야 하는 막중한 책임을 가진 임금에게, '결코 경거망동하지 말고 깊고 깊은 생각을 한 후에 행동을 해야 한다'는 가르침을 주고 있다.

경복궁을 관람하는 관광객들이 '부지런해야 한다'는 근정전의 의미와 '깊은 생각을 하면서 살아야 한다'는 사정전의 의미를 제대로 아는 것만으로도 서울을 방문한 보람을 느낄 수 있을 것이다. BTS의 아름다운 노래 속에 있는 가사들이 전세계에 살고 있는 BTS 아미들의 삶에 대단히 긍정적인 영향을 끼친 것처럼 한국의 궁궐이나 전통 건축물이나 혹은 남산의 백범 광장에 적혀 있는 많은 글귀들도 관광객들의 인생에 새로운 깨달음을 줄 수 있을 것이기 때문이다.

사정전의 뒤쪽에는 왕과 왕비가 일상생활을 하는 공간이 있다. 왕이 잠을 자는 장소인 강녕전과 왕비가 잠을 자는 장소인 교태전이 있고, '교태전'의 뒤쪽에는 후원인 아미산이 조성되어 있다.

강녕전의 의미는 '심신이 건강한 곳'이다. 그런데 문제는 왕비의 처

교태전의 아름다운 내부 모습

소인 교태전이다. 간혹 외국인 친구들에게 '교태전'을 소개할 때 짓궂은 유머로 장난을 치는 사람들이 있다. '교태'라는 말이 흔히 '여성이 남성을 유혹하기 위해 자신의 아리따운 자태를 보이는 것'으로 쓰이기 때문이다. 어떤 관광 가이드는 외국인 관광객들에게, '교태전은 왕비가 왕을 유혹하기 위해 교태를 부리던 곳'이라는 짓궂은 농담을 던지기도 한다.

그러나 경복궁에 있는 '교태전'이 의미하는 바는 그런 것과 전혀 상관이 없다. 여기서의 '교태전'은 '하늘과 땅이 서로 사귄다'는 철학적 의미를 지니고 있다.

교태전의 후원인 아미산에는 아름다운 화계(花階, 꽃 계단)가 조성되어 있고, 그곳에는 붉은 벽돌 위에 아름다운 꽃이 새겨진 아미산 굴뚝들이 마치 설치예술처럼 세워져 있다. 이렇게 생활과 예술이 접목된 사례는 이뿐만이 아니다.

교태전의 오른쪽에 있는 자경전의 뒤쪽으로 나가면, 보물 810호로

▲후원의 아름다운 굴뚝들
▲▶예술작품처럼 멋진 굴뚝
▶자경전 십장생 굴뚝

지정되어 있는 매우 아름다운 '꽃담'을 만날 수 있다. 이 '꽃담'의 정식 명칭은 〈자경전 십장생 굴뚝〉이다.

사실 이 굴뚝을 처음 보면, 누구나 경복궁 건물의 조그만 담인 줄 안다. 그런데 담이 아니라, 굴뚝이라는 걸 알고는 깜짝 놀라곤 한다. 게다가 이 굴뚝은 평범한 굴뚝이 아니고, 보물로 지정될 정도로 깊은 의미를 간직한 굴뚝이다.

십장생(十長生)은 삼라만상 중에서 불로(不老)와 장수(長壽)를 상징하는 열 가지를 엄선한 것이다. 건강과 수명의 중요성을 잘 알고 있던 조선인들은 옛날부터 불로장생을 기원하기 위해 '십장생 그림'을 그리고 '십장생 병풍'을 만들었다. 그래서 왕비가 살고 있는 자경전의 굴뚝을, 마치 '왕실의 불로장생을 기원하는 십장생 그림을 새긴 예쁜 담'처럼 만든 것으로 보인다. 그것이 바로 〈자경전 십장생 굴뚝〉이다.

다음으로 관광객들이 가 볼 장소는 경복궁의 가장 뒤쪽에 있는 건천궁이다. 건천궁은 조선의 마지막 왕이자 대한제국의 초대 황제였던 고종의 깊은 한(恨)이 배어 있는 장소다. 바로 자신의 부인인 명성황후가 일본인 자객들로부터 죽임을 당하고, 시신이 불태워지는 끔찍한 일을 당한 곳이기 때문이다.

1895년 10월 8일 아침 6시.

명성황후가 일본인 자객들로부터 죽임을 당하는 처참한 장면을 목격한 사람은 바로 우크라이나 청년 사바틴(Sabatin)이었다.

건천궁

사바틴은 고종을 호위하는 부대의 부대장이었고, 마침 그날 당직을 서다가 참혹한 그 장면을 목격하게 되었다. 그는 그 사실을 베베르 러시아 공사에게 알렸고, 결국 러시아 황제인 니콜라이 2세에게까지 보고되었다.

건천궁 바로 옆에는 쓸쓸한 공터가 있다. 그 공터는 사바틴이 고종의 지시를 받아 건축한 '경복궁 내 최초의 2층 서양식 건물'인 '관문각'이 있던 자리다.

'왕비의 별궁'으로 불렸던 관문각은, 외국 사신들을 접견하거나 연회를 베풀던 화려한 공간이었다. 그래서 에디슨 전기회사가 전기를 설치했고, 인근에는 서양식 시계탑도 세워져 있었다. 왕비가 잔혹한 일본인 자객에 의해 스러져 갔듯이 왕비가 머물던 건물도 사라지고 빈터만 남아 그날의 아픔을 되새기는 듯하다.

이렇게 넓은 경복궁에서 이른 아침부터 늦은 밤까지 온종일 많은 일을 처리해야 했던 왕과 왕비가 편안하게 마음의 휴식을 취하는 곳은 왕궁 속에서 과연 어디였을까? 그곳이 바로 경회루이다.

경회루는 '경사스런 일들이 많이 모이는 곳'이란 의미를 갖고 있는 조선 최대의 누각이다. 48개의 돌기둥이 받치고 있는 2층 누각인데, 연못 위에 둥둥 떠 있는 커다란 범선을 연상시킬 정도로 웅장한 아름다움을 자랑한다.

경회루를 감상하면서 한국인의 전통적인 정서를 함께 느끼는 방법은 역시 건물만 주시하는 것이 아니라, 아름다운 경회루를 뒤에서 병풍처럼 온화하게 감싸고 있는 북악산과 인왕산의 경치를 함께 감상하는 것이다. 같은 동양권이지만 일본과 중국의 고대 건축물에서는 없는 한국만의 전통적인 특징이다.

한국에는 다음과 같은 중국 공자(BC 551~479)의 유명한 글귀가 옛날부터 전해진다.

지자요수(知者樂水) 인자요산(仁者樂山)

'지혜로운 사람은 물을 좋아하고, 인자한 사람은 산을 좋아한다'는 의미이다.

서울에 사는 한국인들은 산을 정말 좋아한다. 서울 근교에 있는 산들은 주말만 되면 등산을 즐기는 사람들로 인해 만원을 이룬다. 반면에 한강을 즐기는 한국인들도 무척 많다. 특히 시내에서 멀리 떨어진 좀 더 맑고 조용한 한강의 경관을 즐기고 싶은 한국인들은 남한강과 북한강이 서로 합류하는 명소인 '양수리'를 많이 찾아간다.

조선시대에 왕과 왕비가 살던 구중궁궐 내에서 산은 볼 수가 있지만, 강이나 호수는 볼 수가 없었다. 그래서 지혜로워지기를 원했던 왕과 왕비는 큰 연못을 만들고, 그 연못 위에 경회루를 지어서 마음의 시름을 풀고 지혜를 얻고자 했던 게 아닐까?

경회루

다시 태어난 광화문 광장

광화문(光化門)은 고조선의 건국이념인 광명이세의 광(光)과 재세이화의 화(化)가 함께 어우러져 만들어진 명칭이다. 즉 광화문은 '밝은 빛으로 세상을 변화시키는 문'이란 의미가 된다.

이성계가 조선을 건국한 지 3년 후인 1395년에 완공된 경복궁에 광화문이 세워졌지만, 그곳에 광장은 없었다. 당시 우리에게는 '광장문화'가 없었기 때문이다. 무려 6백 년이 넘는 오랜 세월 동안 단순히 '큰 길'에 불과했던 곳이다. 여기에 1968년 이순신 장군의 동상이 건립되고, 2009년 세종대왕의 동상이 세워지면서 '광화문 광장'이 조성되기 시작했다.

광화문 광장은 조선시대에는 주요 관청이 자리했던 육조거리였고, 일제 식민지 시대에는 잔혹한 조선총독부가 군림하던 곳이고, 대한민국의 현대사에 이르

세종대왕 동상

▶ '측우기'
▶▶ '혼천의'
▶▼ '앙부일구'

러 시민의 품으로 돌아온 '대한민국 최고의 광장'이다. 오랜 시간에 거쳐 보수 작업을 해온 결과 2022년 8월 6일에 새로이 단장을 마치고 시민들에게 선보이게 되었다. 기존에 건립되어 있던 이순신 장군과 세종대왕의 동상을 중심으로 한국의 역사와 문화가 함께하는 공간이다.

세종대왕은 1443년에 '한글'을 창제해 백성들의 문맹을 극복하고 많은 과학기술을 개발해 백성들의 생활에 혁신을 이루고자 하였다. 광화문 광장의 남쪽에는 한글을 창제한 세종대왕의 동상과, 세종대왕 시대에 제작한 해시계인 앙부일구 · 비를 측량하는 측우기인 자격루 · 천문기구인 혼천의가 나란히 전시되어 있었다.

충무공 이순신 장군은 신출귀몰한 전술과 '세계 최초의 철갑선'인 거북선으로 조선을 침공한 일본군을 물리치고 나라를 지켜낸 영웅이다. 이순신 장군의 동상에는 거북선 모형과 함께 주요 전투에 대한 안내 표석과 『난중일기』에 나오는 명언을 돌에 새겨 전시해 놓았다.

광화문 광장이 시작되는 가장 북쪽 바닥에 청동색 표지판이 깔려 있다. 조선 후기 때 카톨릭 박해 사건으로 많은 사람들이 순교를 당했다. 2014년 서울을 방문한 교황 요한 바오로 2세는 바로 이곳에서, 그 당시 순교한 카톨릭 신자들 중에서

충무공 이순신 장군 동상과 거북선

역사의 물길

124명을 복자(福者)로 추대하는 시복식(諡福式)을 거행했다. 표지판은 조선인 순교자 124위 시복식을 기념하는 내용을 담고 있다. 그 옆에는 1392년 조선 건국 이후 현재까지 한반도의 중요한 역사를 검은 화강암 위에 흰 글씨로 간략하게 새긴 '역사의 물길'이 조성되어 있다. 그리고 광화문 광장을 조성할 때 지하에서 발견된 조선시대 건물 기초의 일부분도, 관광객들이 잘 볼 수 있도록 정리해 놓았다. 세종대왕 동상 뒷쪽에는 세종대왕과 이순신 장군의 위대한 업적을 알 수 있는 전시실인 '세종이야기' '충무공 이야기'로 들어가는 입구가 있다.

2023년 10월 15일에는 광화문 앞 월대가 복원되었다. 월대는 국가의 중요한 행사가 있을 때 왕과 백성이 소통하는 장소였다. 한가운데에 난 어도, 즉 '임금의 길'로 왕이 나와 월대 주변에 모인 백성들의 고충을 듣기도 했다.

월대는 1920년대에 전차의 철로 설치를 위해 일제에 의해 훼손 철거된 뒤 도

광장 밑에 남아 있던 조선 시대 건물의 기초 일부분을 그대로 보존해 놓았다.

로로 사용돼 왔다. 월대 전체 규모는 남북으로 48.7m, 동서로 29.7m에 달하며 광화문 중앙과 이어지는 어도의 너비는 약 7m에 달한다.

2006년 '광화문 제 모습 찾기'를 시작으로 그동안 추진되어 온 월대는 물론 현판의 복원까지 마무리되면서 광화문이 본래의 제모습을 찾아가고 있어 다행이 아닐 수 없다.

다시 복원된 광화문 월대 모습

시청역

6

하늘이 내린 천상의 정원

청와대

2022년 5월 9일.

대통령 집무실이자 관저인 청와대(파란 기와지붕의 집)가 일반에 개방되었다. 1948년 대한민국의 초대 대통령인 이승만 대통령 이후 지난 74년 동안 8명의 역대 대통령이 머물렀던 곳이다.

청와대가 자리잡은 북악산의 남쪽자락은 역사적으로 유서 깊은 장소였다. 통일신라를 멸망시키고 한반도를 다시 통일한 고려는 주요 행정구역으로 '3경'을 두었다. 전기에는 수도인 개경(개성)과 함께 서경(평양)과 동경(경주)이 3경이었고, 후기에는 동경 대신 남경(서울)이 포함되었다. 이 중에서 '남경'의 궁궐인 '연흥전'이 있던 장소가, 바로 지금의 청와대가 위치한 곳이다.

고려시대의 '연흥전'이 있던 이 언덕이 조선시대에는 경복궁의 후원으로 변모한다. 세종대왕 때부터는 이곳을 경무대라 부르며 군사훈련을 하기도 했고 농사를 관장하는 기관을 세우기도 했다. 또 경복궁을 지키는 부대인 수궁이 있던 곳이기도 하다.

경복궁과 청와대

일제 강점기 때인 1927년 일제는 모든 시설을 헐어버리고 이 자리에 조선총독의 관저를 건립했다. 여기서 7~9대 총독이 지냈고, 해방 후에는 미군정 사령관 하지 중장이 사용하다가 대한민국 정부 수립과 함께 우리 정부에 이관되어 이승만 대통령의 관저가 되었다.

이승만 대통령은 이 건물에 경무대라는 이름을 붙였고, 그후 윤보선 대통령이 청와대로 이름을 바꾸어 사용하다가 1991년 새 건물이 신축되어 현재에 이르고 있다. 그래서 이곳은 일반 국민들의 접근이 아예 불가능한 금단의 장소였다. 일제가 총독 관저를 신축했던 1927년부터 시작하면, 청와대는 거의 90여 년 만에 자유로운 출입이 가능하도록 개방이 된 것이다.

처음 개방하는 날, 우리도 아침 7시에 청와대 입구에 도착했다. 우리는 지난 1백여 년 동안 금단의 땅이었던 '하늘이 내린 천상의 정원'을 볼 수 있다는 기대로 잔뜩 부푼 가슴을 안고, 청와대의 출입문인 춘추관 앞에 섰다.

청와대 입구

춘추관

춘추관은 대통령을 취재하기 위해 각 언론사와 방송사의 기자들이 주재하고 있는 프레스센터였다. 이름을 춘추관이라고 한 이유는 '봄과 가을'을 의미하는 한자인 춘추(春秋)가 '역사'를 의미하기 때문이다.

춘추관의 출입문을 통해 청와대 안으로 들어가니, 대통령실을 상징하는 상상의 새인 봉황과 무궁화 꽃이 황금색으로 조각되어 있는 하얀 철문이 보인다. 철문 안으로 들어가니 왼쪽에 파릇파릇한 녹색의 잔디가 바닥에 융단처럼 깔려 있는 녹지원이 나타난다.

우리는 좌측에 있는 녹지원을 잠시 바라보다가, 오른쪽에 있는 오르막길을 따라 침류각으로 걸어 오르기 시작했다. 아스팔트 바닥에 침류각으로 가는 화살표가 표시되어 있어서, 그쪽으로 가는 방향을 쉽게 알 수 있었다.

침류각으로 오르는 오르막길 우측에는 수풀 사이로 맑은 물이 흐르는 개울이 있어서, 개울가에 핀 노란 꽃을 감상하면서 천천히 걸었다. 마치 산길을 따라 트레킹을 떠나는 기분이었다. 5분 정도 산길을 오르니, 우측에 작은 초가와 기와집이 함께 있는 모습이 보인다. 이 건

침류각과 대형 청동향로

물이 침류각이다.

침류각 앞에는 큰 청동향로가 놓여 있다. 고대부터 청동향로는 왕권을 상징하는 기물이었다. '흐르는 물을 베개 삼는 곳'이란 의미를 가진 침류각은 대한제국이 멸망하기 5년 전인 1905년에 지어졌다. 고종이 이곳에서 연회를 베풀었다고 전해진다.

우리는 침류각이라는 이름처럼 졸졸졸 흐르는 개울 물소리를 듣고 싶었다. 그러나 2022년 5월의 침류각에서는 아무런 물소리도 들을 수 없었다. 잠시 허망한 생각이 들었다. 침류각이 세워진 뒤 벌써 117년의 세월이 흘러갔으니, 자연도 그때와 많이 변한 것이다. '이 세상에 영원한 것은 하나도 없고 모든 것은 변한다'는 불교의 가르침인 제행무상(諸行無常)을 마음속에 잠시 떠올렸다.

침류각에서 왼쪽으로 발길을 옮기니, 아래쪽에 화강석으로 잘 다듬은 긴 돌계단이 나타났다. 돌계단을 따라 아래로 내려가니, 한글의 ㄱ자 모양으로 된 한옥 한 채가 나타났다. 상춘재였다. 상춘재(常春齋)는 '봄이 항상 함께 하는 집'이란 뜻이다.

상춘재

상춘재 옆에는 소박한 초가로 된 작은 정자와 연못이 있었다. 그리고 백악교(白岳橋)라는 작은 다리 너머로 한적한 오솔길이 울창한 숲 사이로 계속 이어졌다.

우리는 무엇에 이끌리듯이 작은 연못 옆으로 다가가 초가로 만든 소박한 정자 안에 살며시 앉았다. 들려오는 것은 오직 청아한 새 울음소리와 간간히 나뭇잎을 스치며 불어오는 바람 소리뿐이었다. 마치 이 세상의 모든 소음과 단절된 깊은 산속의 계곡으로 들어온 것 같다.

우리는 연못가의 초가 속에 앉아 자연의 나지막한 속삭임에 한참 동안 귀를 기울이며 깊은 명상에 잠겼다.

잠시 후, 우리는 역대 대통령들의 집무실이 있던 '관저' 쪽으로 이동했다. 1990년에 건축된 관저는 지상 2층, 지하 1층의 구조로 되어 있는 한옥 형태의 건물이다. 화려한 청기와를 얹은 대문 앞에 키가 큰 소나무 세 그루가 둥근 원 안에서 마치 서로 손을 잡은 것처럼 오손도손 함께 서 있는 모습이 몹시 정다워 보인다.

소나무를 지나서 좀 더 대문 쪽으로 가까이 다가가자, 커다란 나무

대통령 관저

대문 위에 인수문이라는 글씨가 한문으로 적혀 있다. '어질고 오래 산다'뜻이다.

'큰 기역자' 모양의 대통령 관저 건물에는 대통령이 외국에서 온 손님을 맞이하는 접견실 · 대통령의 사적 공간인 침실 · 거실 · 드레스 룸 등이 있고, 영부인의 메이크업실이 배치되어 있다.

우리는 대통령 관저를 둘러본 후에 청와대에서 가장 장엄한 건물인 본관으로 향했다. 대통령 관저에서 본관으로 가는 길은 내리막길이다. 주변의 꽃과 나무들을 감상하면서 천천히 걸어가면 한자로 글씨가 새겨진 길쭉한 팻말 모양의 돌기둥이 나타난다. '天下第一福地'(천하제일복지). '세상에서 가장 복을 받은 길지(吉地)'라는 뜻으로 이곳이 조선 최고의 명당 자리라는 의미다. 이곳은 과거에 경무대가 있던 자리다. 또 조선시대에는 경복궁을 지키는 경비대인 수궁(守宮)이 있던 곳이라 해서 수궁터라고도 불린다. 여기서 조금 더 아래로 내려가니, 오른쪽에 청와대에서 가장 웅장한 청기와 건물이 눈앞에 나타난다. 본관이다. 그리고 그 건물 뒤로, 북악산의 멋진 풍광이 두 눈에 가득 찬다.

수궁터이자 옛 경무대 건물이 있던 자리. 명당 자리라는 의미로 돌기둥에 '天下第一福地'(천하제일복지)라고 새겨져 있다.

청와대의 본관 건물은, 조금 전에 다녀온 관저와 직선 거리가 300m 가량 떨어져 있다. 본관의 1층에는 영부인의 집무실과 접견실로 사용하던 '무궁화실'과 '인왕실'이 있다. 그리고 본관의 2층에는 대통령의

본관

공식 집무실이 구비되어 있다.

본관 앞에도 키가 높은 소나무들이 위풍당당하게 서 있다. 그리고 소나무들 너머로 녹색의 잔디가 마치 부드러운 양탄자처럼 잘 깔려 있는 대정원이 한눈에 내려다보인다.

본관 건물을 뒤로 하고 아래로 내려온 우리는 거대한 서양식 건물인 영빈관을 보기 위해 오른쪽 방향으로 걷기 시작했다. 예쁜 반월형 모양의 문 뒤로 인왕산을 배경으로 서 있는 웅장한 석조 건물인 영빈관이 나타났다.

영빈관에서는 담 너머로 인왕산이 무척 가깝게 보인다. 영빈관 내부의 바닥에는 두꺼운 은회색 카페트가 넓게 깔려 있고, 높은 천정에는 화려한 샹들리에 두 개가 눈부신 빛을 발하고 있다. 태극기와 청와대를 상징하는 깃발이 함께 놓여 있는 영빈관을 둘러본 후 밖으로 다시 나왔다.

영빈관 옆으로 가서, 청와대의 높은 담을 따라 한바퀴 돌 수 있는 나무 계단으로 향했다. 계단이 꽤 가팔랐지만, 역대 대통령들이 산책하

영빈관

다가 쉬던 '숲속의 회의실'을 보기 위해, 우리는 한 발 한 발 위로 올랐다. 계단을 따라 위로 올라가는데, 오른편 아래쪽으로 관저의 지붕에 얹혀 있는 청기와들이 더욱 가깝게 보인다.

계단을 따라 위로 조금 더 올라가니, 마치 소나무가 무성하게 우거진 조선시대 왕궁의 고풍스런 담을 따라 산길을 오르는 듯한 신비로운 느낌이 들었다. 특히 계단 왼쪽에 있는 담들이 산의 높이에 따라

가파른 나무 계단

담장 아래로 보이는 인왕산

조금씩 변하는 모습이 흡사 예술가들이 깊은 산 속에 만든 설치예술처럼 무척 아름다웠다.

거의 정상에 다다를 무렵에 담장과 소나무 사이로 모습을 드러내는 북악산이 바로 눈앞에 있는 것처럼 무척 가깝게 보인다. 여기서 바라보니 '청와대가 북악산 자락의 은밀한 숲속에 자리잡고 있다'는 사실이 더욱 실감이 났다. 담장 아래에는 인왕산도 한눈에 들어온다.

정상에서 잠시 숨을 고른 다음 다시 목적지를 향해서 발길을 옮겼다. 그런데 이제부터는 계단이 내리막이다. 세상만사의 이치가 그렇듯이, 위로 올라갈 때보다 아래로 내려갈 때가 더 위험한 법이다. 이러한 삶의 이치는 청와대에 살았던 역대 대통령들이 유독 생생하게 느꼈을 것이다. 임기를 마친 후에, 또는 임기를 순조롭게 마치지 못하고 곤혹스런 처지가 된 대통령들이 꽤 있지 않았는가?

우리는 계단을 따라 천천히 내려가다가 나무 팻말이 침류각을 가리키는 방향으로 내려갔다. 조금 더 내려가니, 계단이 양 방향으로 나뉘어진다. 우리는 그곳에서 안내판이 전망대를 가리키는 오른쪽으로 향했다. 폭이 좁은 계단이 있었다.

그 계단을 따라 더 내려가니, 작은 사거리가 나온다. 거기에 한글로 '전망대(180m, 4분)'라고 적혀 있는 갈색의 나무 팻말이 있다. 그 쪽 방향으로 조금 더 내려가니, 작은 철문이 보인다. 이 철문은 예전에 대통령이 이곳에 머물 때, 경비를 서던 초소가 있던 곳이다. 그 철문을 지나서 조금 더 내려가니, 좌측에 사방이 투명한 유리로 되어 있는 작은 공간이 보인다.

여기가 바로 대통령들이 산길을 오르다가 잠시 쉬는 '숲속의 회의실'이다. 대통령들은 항상 경호원들은 물론이고 비서진들과 함께 움직이기 때문에 잠시라도 머무르는 곳이 곧 회의 장소가 된다. '숲속의 회의실' 안에는 넓은 회의용 탁자가 놓여 있었다. 경비하는 분의 안내로 '대통령이 두 다리를 쭉 뻗고 편안하게 휴식을 취했다'는 긴 의자도 살펴보았다.

잠시 구경을 한 다음 다시 아래로 내려가기 시작했다. 2~3분 남짓 내려가니, 드디어 계단이 끝나면서 청와대 담을 따라 한바퀴 도는 산길이 모두 끝난다.

계단을 다 내려간 우리는, 그 길에서 오른쪽으로 발길을 옮겼다. 그 길가에 세워진 돌로 만든 불로문(不老門)을 촬영하고 나니, 다시 청와대에서 가장 장엄한 건물인 본관이 눈앞에 보인다.

청와대를 한 바퀴 답사하고 내려오니, 수많은 사람들이 청와대 본관을 배경으로 사진을 촬영하면서 즐겁고 행복한 표정을 짓고 있다.

숲 속의 회의실

청와대와 대통령의 나무들

청와대는 축구장 35개를 합친 것과 같은 넓은 지역에 2백여 종의 나무들 5만여 그루가 심어져 있다.

방대한 야외식물원 같은 청와대에서 가장 오래된 나무는 주목이다.

주목은 '살아 천년, 죽어 천년'이란 말이 있을 정도로 장수하는 나무인데, 청와대에 있는 주목은 무려 744년 전인 고려 제25대 왕인 충렬왕(1236~1308) 때 심은 것으로 전해진다.

청와대 안에는 역대 대통령들이 식목일(4월 5일)이나 특별한 날에 심은 나무들이 20여 그루가 있다. 그 중에서 가장 오래된 나무는, 박정희 대통령이 영빈관 화단에 심은 향나무이다. 이 향나무는 1978년에 심었다.

전두환 대통령이 1980년에 심은 백송은 상춘재 앞마당에 있다. 그리고 노태

인수문 앞의 소나무 3그루

우 대통령이 1990년에 심은 소나무는 대통령 관저의 인수문 앞에 있다. 김영삼 대통령은 744세의 주목이 있는 '수궁터' 옆에 산딸나무를 심었다.

김대중 대통령은 2000년에 영빈관 앞마당에 무궁화를 심었고, 2001년에는 느티나무도 심었다. 노무현 대통령은 2003년에 소나무 두 그루를 인수문 앞에 심었다. 그래서 대통령 관저 인수문 앞에 있는 세 그루의 소나무들 중에서 가운데 있는 소나무는 노태우 대통령이 심은 것이고, 그 소나무의 좌우에 있는 소나무는 노무현 대통령이 심은 것이다.

이명박 대통령은 2009년에 반송을 녹지원에 심었고, 2010년에는 무궁화를 소공원에 심었고, 2012년에는 김영삼대통령이 심은 것과 같은 산딸나무도 심었다. 꽃을 좋아하는 박근혜 대통령은 2013년에 대구 달성군에서 가져온 이팝나무를 소공원에 심었고, 2014년에는 유명한 '정 2품 소나무'를 수궁터에 심었고, 2016년에는 무궁화 15그루를 상춘재 계단 주변에 심었다.

청와대에 식수한 마지막 대통령이 된 문재인 대통령은 2018년에 금강송 소나무를 연민관 뜰에 심었고, 2019년에는 동백나무를 상춘재 인근에 심었고, 2021년에는 은행나무를 청와대 등산로 주변에 심었고, 또한 2022년에는 모감주 나무를 녹지원에 심었다.

녹지원

시청역

7

북촌 골목의 근대 한옥들

청와대나 경복궁 관광을 마친 관광객들이 보통 다음 코스로 잡는 곳이 바로 인근에 있는 북촌이다. 북촌은 일제 강점기에 형성된 한옥 마을이다. 전통의 한옥과 근대 도시의 주거 문화가 결합되어 독특한 아름다움을 자아내는 곳이다.

우선 청와대 관람을 마친 관광객은 다시 청와대 정문으로 나와 왼쪽으로 발길을 옮기면 국무총리 공관으로 가는 내리막길이 보인다. 이 길로 가면 북촌으로 향하는 가장 빠른 지름길이 나온다. 만약 경복궁 관광을 한 후에 북촌을 방문하려고 하는 관광객들은 다시 경복궁 정문으로 나가지 않아도 된다. 경복궁 관광이 끝나는 북쪽의 신무문을 통해 밖으로 나오면 청와대 정문과 만나게 되기 때문이다.

아무튼 청와대 정문을 나와서 좌측에 보이는 국무총리 공관으로 가는 내리막길을 3분 남짓 걸어가면 큰 삼거리가 나온다. 거기에서 왼쪽 코너에 울창한 나무들이 넓은 정원을 가득 채우고 있는 저택이 보이는데, 그곳이 바로 국무총리가 살고 있는 공관이다.

국무총리의 공관 바로 앞에는 녹색의 마을 버스가 정차하는 '버스

국무총리 공관

북촌으로 가는 지름길

정류장'이 있다. 만약 이곳에서 지하철 광화문역이나 시청역으로 이동하고 싶으면, 이 마을 버스를 이용하는 것이 편리하다.

이 일대는 '삼청동'이란 동네인데, 음식점과 카페들이 많고 예쁜 가게들도 길가에 많이 있다. 여기에서 2차선 도로 건너편을 바라보면, 한옥 스타일의 카페 옆으로 밝은 회색빛 콘크리트로 포장된 오르막길과 계단이 함께 보일 것이다.

그 길이 바로 북촌으로 가는 가장 빠른 길이다. 이제 곧 서울에서 일제 강점기의 근대 한옥들이 가장 많이 몰려 있는 북촌이 눈앞에 나타날 것이다. 2차선 도로를 건너가서 오르막길로 올라가면 된다. 이 계단 끝까지 올라가면, 드디어 북촌의 골목길과 만나게 된다.

북촌의 골목길과 만난 곳에서 고개를 오른쪽으로 돌리면, 지붕과 담 위에 작은 조각 작품들이 놓여 있는 기와집이 있고, 그 앞에 작은 삼거리가 보인다.

이제 삼거리에서 왼쪽으로 발길을 돌린다. 그러면 정면에 작은 사거리가 나오고, 막다른 골목에 마당이 예쁜 작은 한옥 한 채가 서 있는 모습이 보인다. 그런데 사실은 그 길의 끝이 막다른 골목이 아니다. 그 작은 한옥에서 오른쪽으로 고개를 돌리면, 아주 작은 길이 숨어 있기 때문이다.

북촌 골목의 묘미는 바로 이런 것이 아닐까? 마치 길이 다 끝나서 더 이상 갈 곳이 없는 것처럼 보이는데, 작은 골목이 또 연결이 되는 길. 이처럼 꼬불꼬불 이어졌다가 사라지기를 반복하는 길이, 이 동네의 묘미인 것 같다.

어쩌면 우리들의 인생살이와 비슷하기도 하다. '이제는 다 끝났다'고 절망하는 순간에 갑자기 새로운 희망이 보이기도 하고. 또 '이제는 승승장구할 것'이라며 기대에 들뜨는 순간에 느닷없이 닥쳐오는 불운과 역경들. 그러나 야구의 유명한 명언인 '끝날 때까지 끝난 게 아니다'를 힘차게 외치면서 최선의 노력을 경주하다 보면, 어느새 '행복의 천사'가 나의 굳은살 박힌 두 손을 따뜻하게 잡아주며 환하게 미소를 짓는 날이 찾아오기도 한다.

막다른 길처럼 보이는 곳까지 가면, 예쁜 꽃들이 심어져 있는 한옥의 넓은 마당이 나타난다. 그 집에서 오른쪽으로 고개를 돌리면, '동양문화박물관'이라는 간판을 단 집이 보인다. 이 집이 바로 북촌에서도 유명한, 조선시대의 재상인 맹사성의 고택이 있었던 자리이다.

물론 그 집은 수백 년의 세월이 지나면서 이미 사라졌고, 그 자리에

한옥의 넓은 마당

맹사성 집터에 세워진 동양문화박물관

는 동양문화박물관이라는 간판을 단 현대식 건물이 지어졌다. 동양문화박물관은 특이하게도 입장료를 내면 커피를 비롯한 음료수를 무료로 제공한다. 그리고 건물의 외관은 서양식이지만, 안에는 한옥의 전통 정원 분위기를 느낄 수 있게 되어 있다. 2층의 베란다로 나가면, 북악산에 불어오는 시원한 산바람을 맞으면서 북촌의 골목 곳곳에 자리

동양문화박물관 건물 안에 마련된 정원

북촌의 한옥 지붕들

잡고 있는 근대 한옥들을 내려다볼 수 있다.

본래 이 집터의 주인이었던 맹사성(1360~1438)은 조선의 성군(聖君)인 세종대왕(1397~1450)을 모시던 명재상이었다.

K-POP을 좋아하는 한류 팬들에게는 세종대왕과 맹사성이 아주 흥미로운 인물이 될지도 모른다. 이 두 사람은 '조선의 음악 역사'에서 아주 중요한 공적을 쌓은 분들이기 때문이다.

세종대왕은 절대음감의 소유자였으며 신하들에게 음악에 대한 서적을 간행하도록 지시했다. 그리고 맹사성도 음악에 대한 조예가 대단히 깊어서 피리를 아주 잘 불었고, 심지어 악기를 만들기도 했다. 그래서인지 '맹사성이 검은 소의 등에 탄 채로 피리를 불었다'는 전설 같은 이야기가 대대로 전해져 오고 있을 뿐 아니라 세종대왕의 지시를 받아 조선의 음악을 정리하기도 했다.

세종대왕의 또 다른 위대함은 바로 그가 한국인들이 현재 사용하는 '한글의 창제자'라는 것이다. 한국인들은 조선의 제3대 임금인 태종 때까지는 중국의 한자를 사용했다. 그러나 다양한 한국어를 중국의 한자로만 표기했기 때문에 조선시대의 백성들은 많은 불편함을 참아야만 했다. 양반들인 관리나 학자들은 한자를 이용해 자신의 생각을 표현했지만, 한자를 잘 모르는 일반 백성이나 여성들은 자신들의 의사를 글로 전달하는 것이 현실적으로 불가능했기 때문이다.

이러한 점을 잘 파악하고 있던 세종대왕은 은밀하게 중국의 한자와는 전혀 다른 '한글'을 창제했다. 1443년에 완성해서 1446년에 발표한 '한글'은, 초기에는 모두 28글자였고, 이름도 '훈민정음'(訓民正音, 백성을 가르치는 바른소리)이라고 불렀다. 또한 세종대왕은 본인이 창제한 '훈민정음'으로 새롭게 노래들을 만들게 하였고, '훈민정음'으로 된 노래책도 발간하도록 했다.

결국 BTS를 비롯한 수많은 K-POP 가수들이 세계적으로 활발하게 활동하는 데에는 다 이유가 있는 것이다. 한글을 창제하고 조선의 음악을 정리해 백성들에게 널리 퍼뜨리고 대대로 보존하면서 발전시켜온 선조들의 노력 덕분이라는 생각이 들었다.

이제는 북촌에서 꼭 가 봐야 할 집을 찾아가기로 했다. 바로 '백인제 가옥'이다. 북촌 일대에는 무려 1천여 채나 되는 근대 한옥들이 있다. 그런데 왜 '백인제 가옥'을 반드시 방문해야 하는가? 왜냐하면 북촌 일대에 큰 동네를 형성하고 있는 수많은 근대 한옥들은 조선시대 양반들이 살았던 고풍스런 한옥에 비해 매우 협소하기 때문이다. 이에 비해 백인제 가옥은 근대에 지어진 한옥이지만 규모가 아주 크고 색다른 멋을 지니고 있으니 한 번 감상해 볼 만하다.

조선시대 후기에는 청계천의 북쪽에 있는 이 마을 일대에 많은 고관대작(高官大爵)들이 저택을 짓고 살고 있었다. 이 지역은 경복궁과 창덕궁 사이의 양지바른 언덕이 있는 곳이기 때문에 왕족은 물론이고 높은 관리들이 이 일대에 거대한 한옥을 짓고 살았다. 그런데 1910년 8월 29일. 5천 년 동안 이어져 오던 국권을 빼앗기고 일본의 식민지가 되면서 세상이 급변하게 되었다.

그후 10년이 지난 1920년에 서울 최초의 부동산 개발회사가 설립된다. 그 회사의 상호는 '건양사'이고, 건양사의 대표는 정세권이었다. 그는 이 일대에 있는 수많은 대형 저택을 대량으로 매입한 뒤에, 각 저택의 부지를 훨씬 작게 세분해서 새로운 형태로 개량한 근대 한옥들을 만들어 싼값에 보급하기 시작했다.

이렇게 되자 고풍스러운 옛 멋을 간직하고 있던 고래등 같은 기와집들은 거의 다 사라지고, 그 대신에 훨씬 작게 개량된 1900년대의 근대 한옥들이 북촌의 비좁은 골목 곳곳에 들어서게 되었다.

정세권은 왜 이렇게 한 것일까? 단순히 장사 수단일 수도 있지만 결과적으로는 서울의 가난한 서민들이 집을 살 수 있는 기회를 주게 되었다. 그리고 무엇보다도 재력과 권력을 지닌 일본인들이 아름다운 북촌의 언덕 일대를 차지하는 것을 막는 효과가 있었다. 그리고 정세권의 이러한 과감한 투자와 애국적인 노력 덕분에 그나마 일제에 의해 사라질 뻔한 한옥들이 보존될 수 있었다.

물론 일제 강점기인 1910년 이후에 개량된 근대 한옥들도 조선의 전통적인 한옥의 골격을 갖추고 있었지만, 부분적으로는 변형이 될 수밖에 없었다. '남산골 한옥마을'에서 조선시대 후기의 고풍스런 전통 한옥들을 이미 관람했다면, 북촌에 있는 근대 한옥들과 비교해 차이점을 알 수 있을 것이다.

백인제 가옥은 비록 1900년대에 건축한 근대 한옥이지만, 북촌의 다른 한옥과는 달리 규모가 제법 크고 아름다워서 꼭 관람하는 게 좋다. 편안한 마음으로 좀 더 마당이 넓은 근대 한옥을 감상하기에 무척 안성맞춤이다.

백인제 가옥은 북촌에서 가장 넓은 메인 도로에서 아주 가까운 곳에 위치해 있다. 동양문화박물관에서 가장 넓은 도로가 있는 쪽 방향

북촌 마을 최고의 포토존(Photo Zone)

으로 10분 정도 내려가면 백인제 가옥을 쉽게 찾을 수 있다.

가는 길을 대충 설명하자면, 먼저 '맹사성 고택 터 표석'이 있는 첫 번째 골목에서 왼쪽 방향으로 좁은 골목길을 따라 조금만 내려가면, 두 갈래길이 나타난다. 그러면 그곳에서 왼쪽에 있는 골목으로 내려가야 한다. 여기서부터는 내리막길이 조금 더 가팔라진다. 그런데 이 골목길이 바로, 북촌을 방문하는 관광객들이 가장 사진을 많이 촬영하는 유명한 포토존이다.

좁고 가파른 이 골목길을 2~3분 정도 내려가면, 또다시 길이 두 갈래로 나뉘게 된다. 이번에는 오른쪽 방향의 내리막길로 내려가면 된다. 사실 북촌의 골목에서 백인제 가옥으로 가는 방향은 계속해서 내리막길이기 때문에 걸어가는 길이 별로 힘들지 않다.

이제부터는 한옥의 숫자가 점점 줄어들면서 관광객들을 위한 작은 가게들이 점점 많아진다. 이번에는 가게들이 많이 보이는 두 갈래 길에서 왼쪽으로 발길을 옮긴다. 그러면 곧, 눈앞에서 북촌에서 가장 넓은 메인 도로와 만나게 될 것이다.

이 큰 도로에서 오른쪽이 다시 내리막길이다. 오른쪽으로 발길을 돌리자마자, 길 오른편에 아주 예쁜 한옥이 보인다. 이 한옥은 세계에서 유명한 화장품 기업인 아모레 퍼시픽(AMOREPACIFIC)에서 직접 운영하는 '오설록 티하우스 북촌점'이다.

제주도에 광활한 녹차 밭을 갖고 있는 아모레 퍼시픽은 '오설록 티하우스 북촌점'에서, 서울을 방문하는 국내외 관광객들을 위해 녹차를 맛보고 향수의 향기를 느끼는 다양한 프로그램을 운영하고 있다.

먼저 1층에서 구경을 끝내고, 2층으로 올라가면 아름다운 정원이 있는 실내에서 한국 녹차의 향기를 마음껏 느낄 수 있을 것이다. 2층으로 올라가면서, 1층의 한옥 사이에 조성한 예쁜 정원들을 구경하는 것도 재미있다.

'오설록 티하우스 북촌점' 앞의 내리막길을 따라 1분 남짓 걸으면 신호등이 설치된 건널목이 보인다. 그리고 그곳에서 오른쪽으로 들어가는 작은 골목이 있다. 오른쪽에 있는 그 골목길을 따라 1분 남짓 걸어 가면, '백인제 가옥'의 긴 돌담이 보인다.

가파른 계단 위에 자리잡은 이 저택은 1913년에 건립할 때 주변에

백인제 가옥의 대문

있는 작은 한옥 12채를 매입해서, 약 3천 제곱미터(약 9백 평)의 넓은 부지 위에 건물을 앉혔다.

그 당시 이 저택은 아주 귀한 소나무인 '흑송'으로 지었다. 흑송은 압록강 주변의 밀림에서 가져왔다고 한다. 그 정도로 대표적인 서울 상류층의 한옥이었다. 일제의 조선총독부 테라우치 총독과 미국의 석유재벌이었던 록펠로 2세도 이 저택을 방문할 정도로 서울에서 대단히 유명한 기와집이었다.

이 저택의 명칭을 백인제 가옥이라고 하는 이유는, 이 집의 마지막 소유자가 조선에서 유명한 의사였던 백인제였기 때문이다. 일본의 식민지에서 해방되기 1년 전인 1944년에 이 기와집을 매입해서 살았던 백인제 의사는 6·25전쟁 중에 북한군에 의해 납북되고 말았다.

이 집의 대문 안으로 들어가면 제일 먼저 눈에 띄는 것이, 그 당시 이 집의 하인들이 살던 행랑채다. 그리고 곧장 마당 안으로 발을 옮기면 사랑채가 당당하게 얼굴을 드러내고, 오른쪽 방향으로 아름다운 정원이 보인다. 정원 사이로 난 예쁜 오솔길을 따라 안쪽으로 걸어가면, 높이가 허리에 닿을 정도로 낮은 흙담 뒤로 예쁜 별당이 수줍게

사랑채

▲▲낮은 흙담이 있는 별당 입구
▲집 내부 모습

얼굴을 내민다.

아름다운 별당을 구경하고 계단으로 내려가면, 큰 부엌과 장독대가 보인다. 이곳이 여성들이 생활하던 공간인 안채다. 유유자적하게 집 안을 한 바퀴 돌고 나서 안채의 마당에 서면, 흑백의 완자무늬가 그려진 넓은 벽 한가운데에 청·홍·백의 3색으로 그려진 태극 무늬가 선명하게 보인다. 그곳에서 안채의 대문 밖으로 걸어 나오면, 다시 백인제 가옥의 행랑채가 있는 큰 대문으로 나오게 된다.

조선 최초의 디벨로퍼, 정세권

서울을 방문하는 관광객들이 북촌 일대에서 한옥의 아름다움을 두 눈으로 느끼면서 즐거운 시간을 보낼 수 있는 것은, 일제 강점기(1910~1945)에 조선 최대의 디벨로퍼(Developer)였던 정세권(1888~1965)의 공적 때문이다.

조선 제6대 왕인 단종 때 우의정을 지낸 정분의 15대 후손인 그는 경남 고성의 바닷가에서 몰락한 양반 가문의 가난한 외아들로 태어났다. 진주에서 학교를 졸업하고 불과 22세의 나이에 면장이 된 그는 1910년대 후반에 서울로 올라가 주택개발사업을 시작했다.

1920년대에 '조선 최초의 부동산 개발회사'인 건양사를 설립한 그는 귀족들이 소유하고 있던 대저택들을 매입해서 일반인들이 편리하게 생활할 수 있는 도시

정세권이 조성한 북촌의 근대 한옥 골목

형 소규모 한옥을 건축했다.

'겨울에는 춥고 여름에는 더운 한옥의 단점'을 상당히 보완한 퓨전(Fusion)형 한옥을 매년 3백 채나 판매했다. 그의 이러한 노력 덕분에 서울의 구도심에 2천여 채나 되는 한옥들이 집단으로 보존되었다.

게다가 그는 한글을 연구하고 보존하기 위해 노력하는 학자들의 모임인 '조선어학회'를 도우려는 목적으로 조선어학회 회관을 무료로 지어주고 운영금도 지원해 주었다.

만약 그가 없었다면, 서울을 방문하는 관광객들이 근대 한옥이 집단을 이루고 있는 북촌의 아름다운 골목을 구경할 수 없었을 것이다.

시청역

8

비운의 역사를 품은 운현궁

백인제 가옥에서 북촌의 경사진 메인 도로를 따라 7~8분 남짓 아래로 내려오면, 지하철 3호선 '안국역'이 있는 큰 사거리가 나온다. 이 사거리 건널목 건너편에는 아주 연한 초록색의 일본문화원 건물이 서 있다. 이 건물 옆에 있는 인도를 따라 계속 걸어가면, 왼쪽에 검은 기와가 얹혀 있는 긴 담장과 전통 한옥의 지붕이 보인다. 이 한옥이 바로 운현궁이다.

그런데 여기서 잠시 의문이 들 것이다. 이 집의 주인은 임금이 아닌 흥선 대원군이다. 한마디로 양반이 살았던 집인데, 왜 임금님이 사는 곳에만 사용할 수 있는 '궁'이란 명칭을 붙였을까? 그 이유는 이 한옥의 주인이 일반적인 보통의 귀족이 아닌 흥선 대원군이기 때문이다.

흥선 대원군(1821~1898)은 조선의 마지막 왕이며 대한제국의 초대 황제였던 고종의 아버지였고, 12세에 왕이 된 나이 어린 고종을 대신해서 조선을 10년동안 통치한 최고 권력자였다.

운현궁 바로 앞에 있는 넓은 길은 일본문화원이 서 있는 '안국역 사거리'에서 낙원상가 방향으로 내려가는 도로이다. 인도를 따라 1분 정

운현궁의 긴 담장

운현궁으로 들어가는 솟을대문

도 걸으면, 왼쪽에 운현궁으로 들어가는 높은 솟을대문이 서 있다.

이 대문 안으로 들어가면 오른쪽에 긴 행랑채가 보이고, 왼쪽에는 넓은 마당이 펼쳐진다.

이 행랑채는 운현궁을 지키던 사람들이 거주하던 '수직사'이다. 이 행랑채를 뒤로 하고 곧장 앞으로 걸어가면, 이 한옥의 사랑채인 '노안당'(老安堂)이 나온다.

노안당은 '노인이 편안한 집'이란 의미인데, 여기서 말하는 노인은

노안당

고종의 아버지인 흥선 대원군을 의미한다. 본래 '대원군'은 왕의 아버지를 일컫는 말이다. 그런데 조선의 마지막 왕이었던 고종의 아버지인 흥선 대원군이 워낙 유명하기 때문에, 일반인들이 대원군이라고 하면 당연히 흥선 대원군이라고 생각할 정도다.

노안당은 흥선 대원군이 주로 머물던 영어 T자 형태의 사랑채였다. 그래서 노안당의 방 안에는 그 당시 남성들이 사랑채에서 사용하던 물품들이 전시되어 있다.

노안당 마당 옆에는 노락당(老樂堂)으로 들어가는 중간대문이 있다. 노락당은 '노인이 즐거운 집'이란 의미를 갖고 있다. 노락당은 본래 흥선 대원군의 아내가 살던 '안채'였다. 이곳은 자신의 아들인 고종과 며느리인 명성황후가 혼례식을 치룬 장소로도 유명하다.

노락당에서 또다시 작은 중간대문을 통해 안쪽으로 들어가면, 이로당(二老堂)이 있다. 이로당은 '두 노인이 사는 집'이란 의미를 갖고 있다. '두 노인'은 당연히 흥선 대원군 부부였다. 이로당은 노락당보다 뒤에 새로 지은 안채인데, 큰 네모 형태로 아주 잘 지은 '안채'이다. 이로당의 방에도 그 당시 조선인들이 사용하던 가구들이 잘 배치되어 있다.

노락당으로 들어가는 중간대문

사실 운현궁에서는 역사적으로 무척 많은 일들이 일어났다. 19세기 말에서 20세기 초에 한반도가 엄청

이로당

난 역사의 격랑 속에 휩쓸렸을 때, 조선의 마지막 왕이었던 고종과 왕비와 흥선 대원군 사이에 복잡하게 얽힌 암투·음모·권력의 이동 등의 수많은 사건들이 발생한 장소이다.

흥선 대원군의 이러한 이야기들이 TV드라마 〈대원군〉, 〈조선왕조 5백년 시리즈〉, 〈바람과 구름과 비〉 등으로 여러 차례 방영되어 큰 인기를 모았다. 1920년대에는 유명한 소설가였던 김동인이 흥선 대원군의 파란만장한 삶의 이야기를 소설 『운현궁의 봄』으로 발표해서 대단한 반향을 일으키기도 했다.

이들 스토리텔링에서는 주로 흥선 대원군과 며느리인 명성황후 사이의 대립이 단골 메뉴로 다루어져 왔다. 이 두 사람의 관계는 단순히 한 집안의 이야기에 머물지 않고 왕의 아버지와 왕비였기에 그 자체만으로도 외세의 침탈 속에서 신음하던 조선의 운명을 고스란히 대변해 보여준다. 제국주의 침탈 앞에서 '바람 앞의 촛불처럼' 위태롭기 짝이 없던 조선의 운명이 그들과 고종 사이에서 혼란을 거듭하다가 끝내는 비운의 종말을 맞이하고 만다.

흥선 대원군은 환갑이 넘은 나이에 중국 청나라로 끌려가는 수모를 당했고, 명성황후도 1895년에 일본인 자객들에 의해 살해당하고 시신이 불태워지는 끔찍한 비운의 주인공이 되고 만다. 이 비운의 역사를 운현궁은 다시금 되새기게 한다.

이로당 오른쪽에 작은 전시관이 마련되어 그 당시 생활상을 알 수 있는 의상과 사진 자료들을 볼 수 있다.

유물 전시관

화려한 궁중의상

왕실의 기운과 황금의 기운이 함께 하는 익선동

롤러코스트처럼 드라마틱한 변신을 하고 있는 종로구 익선동은, 조선시대에는 왕실의 기운이 흐르던 핫 스폿(Hot Spot)이었다.

익선동은 조선 제25대 왕인 철종의 탄생지였고, 왕족들이 살던 명당이었다. 게다가 역대 국왕들이 가장 오랫동안 생활했던 창덕궁이 바로 지척에 있다. 왼쪽에는 흥선 대원군이 살던 운현궁이 있고, 오른쪽에는 역대 왕들의 신위를 모시는 종묘(宗廟)가 자리잡고 있다.

이처럼 왕가(王家)의 기운이 가득한 이 일대는 궁인들의 본거지이기도 했다. 궁에서 생활하던 사람들이 출궁 후 궁에서 가장 가까운 동네인 익선동 일대에 머물기 시작하면서 자연스레 궁인들의 문화가 형성되었다. 궁에서 음식을 만들던 여성, 춤과 노래를 부르던 여성, 악기를 연주하던 남성 등이 모여들면서 자연스

익선동 골목길의 상점들

레 음식점과 술집이 번성하게 되고, 국악을 하는 사람들이 모여들기도 했다.

1920년대 이후 비좁고 작은 한옥들 100여 채가 골목 곳곳에 빼곡하게 들어선 이 일대는 서울에서 낙후된 동네 중 하나였다. 그러나 2003년 이후 드라마 〈겨울연가〉, 〈대장금〉이 세계 무대에서 한류를 일으키고, 2010년 이후 K-POP이 전세계의 젊은이들 사이에서 새로운 한류 쓰나미를 만들어내면서 익선동도 새로운 전환기를 맞게 되었다.

수많은 한류 관광객들이 한국의 전통적인 볼거리를 찾기 시작하면서 서울에서 가장 비좁은 한옥 골목들 중 하나였던 익선동이 20~30대 MZ세대들이 즐겨 찾는 힙타운(Hip Town)으로 변신을 하고 있는 중이다.

또 한편으로는 귀금속을 판매하는 보석상이 성업하고 있어 많은 방문객을 불러 모으고 있기도 하다. 지하철 3호선 종로3가역의 8번 출구로 나가면, 익선동으로 향하는 도로변에 휘황찬란한 천여 개의 보석가게들이 성업을 이루고 있는 모습이 보인다. 이 일대는 '종로 귀금속 거리'인데, 한국에서 가장 많은 보석들을 매매하는 황금의 거리다.

이곳에 귀금속을 취급하는 상가들이 들어선 것은 40년 전이다. 지하철 1호선과 3호선 종로3가역 사이의 대로변에서 골목 안까지 크고 작은 귀금속 상점들이 즐비하다. 종로구에서는 이 일대를 관광객들에게 더욱 널리 알리기 위해 2022년부터 매년 10월에 'K-주얼리 종로 페스티벌'을 개최하고 있다.

종로3가 귀금속 거리 홍보물

시청역

9

덕을 기원하는 궁전

창덕궁

서울에 있는 고궁들 중에서 세계 유네스코에 등재된 유일한 고궁인 창덕궁은 운현궁에서 걸어서 불과 10여 분 정도의 가까운 거리에 위치하고 있다.

조선 후기 역사적 격랑의 현장이었던 운현궁 관광을 마친 관광객들이 가벼운 마음으로 서울의 궁궐문화를 즐기기에 아주 좋은 장소다. 게다가 창덕궁은 또다른 궁궐인 창경궁과 붙어 있기 때문에, 마치 '원 플러스 원' 같은 또 하나의 선물을 보너스로 받는 느낌이다.

운현궁에서 창덕궁으로 가기 위해서는 다시 일본문화원 건물이 있는 안국역 사거리로 걸어가야 한다.

사거리에서 아까 건너온 건널목을 다시 건넌 뒤에, 이번에는 오른쪽으로 발걸음을 옮겨야 한다. 그러면 바로 앞에 현대건설의 사옥이 보인다.

현대건설은 북한이 고향인 정주영 회장(1915 ~2001)이 세운 회사다. 그는 불도저 같은 추진력과 무서운 집념으로 현대그룹을 성장시켰다. 현대그룹은 자동차로 유명한 현대자동차와 건설로 유명한 현대건설과 조선으로 유명한 현대조선을 비롯해서 한국 경제를 일으키는 데 크게 기여한 기업들을 갖고 있는 재벌그룹이다.

인도를 따라 현대건설 사옥 앞을 지나가면, 드디어 창덕궁의 매표소가 나타난다.

창덕궁은 제3대 왕인 태종이 즉위한 지 4년 만인 1404년 짓기 시작하여 1412년 돈화문을 건립하기까지 오랜 시간 동안 공을 들인 궁궐이다. 임진왜란 때 소실되었다가 광해군이 다시 중건하였고 인조 때 화재로 일부 소실되었다가 다시 복구되는 등 많은 시련을 겪은 궁궐이다.

매표소에서 표를 산 다음에 창덕궁의 입구로 향하면, 돈화문(敦化門)이라고 적혀 있는 대문이 두 날개를 활짝 편 백학(白鶴)처럼 멋진 모습

창덕궁의 입구인 돈화문

으로 관광객들을 맞이해 준다.

돈화문은 제15대 왕인 광해군(1575~1641)이 새로 지은 유서 깊은 목조 건물이며, 무려 4백여 년이 넘는 세월 동안 그 자리를 지키고 있는 고풍스런 대문이다.

돈화문 안으로 들어가면, 오른쪽으로 진선문(進善門)이라고 씌여 있는 중간대문이 보인다. 진선문 안으로 곧장 들어가면, 왼쪽에 인정전(仁政殿)이 나타난다.

인정전은 국왕이 신하들과 함께 나라의 중요한 일을 논의하던 장소다. 인정전 앞마당에도 경복궁의 근정전처럼 신하들이 도열할 때 위치를 알려주는 품계석이 세워져 있다.

인정전을 둘러보고 나서 인정문(仁情門) 밖으로 나오면 왼쪽에 숙장문(肅章門)이라고 씌여 있는 중간대문이 보인다. 숙장문 안으로 들어서면, 오른쪽에 카페 영업을 하고 있는 한옥 한 채가 있다.

그 한옥을 지나 조금 더 직진하면 두 갈래 길이 나오는데, 낙선재가

국왕이 신하들과 국정을 의논하던 인정전

있는 오른쪽 방향으로 내려갔다. 오른쪽 길은 내리막인데, 1~2분 정도만 걸어가면 왼쪽에 낙선재가 보인다.

낙선재에서 꼭 감상해야 할 볼거리는 왕비가 거주하던 대조전의 안방에 걸려 있는 〈백학도〉이다.

천장 아래 벽에 걸린 〈백학도〉

'백의민족(白衣民族)의 후손'이라는 사실에 대단한 긍지를 갖고 있던 조선인들은, 학(鶴)을 신선과 같은 존재로 여기며 많은 경외감을 갖고 있었었다. 학은 무병장수(無病長壽)의 상징일 뿐 아니라, 입신양명(立身揚名)의 상징이기도 했고, 선비들의 고결한 인격과 청렴한 마음을 상징하기도 했다. 그래서 조선시대에는 백학도와 같은 학 그림이 유행했다. 이런 그림들 중에서 또 다른 유명한 그림은 '백학들이 무리를 지어 바닷가를 나는 모습'인 〈해학반도도〉가 있고, 또 장수를 상징하는 사슴과 거북을 포함하는 10개의 자연을 그린 〈십장생도〉가 있다.

해학반도도는 신선들이 사는 환상적인 바닷가의 풍경을 그린 격조 높은 궁중 그림이다. 이 그림은 중국의 유명한 전설을 바탕으로 그려진 그림이다. 중국에서 전해진 전설의 내용은 다음과 같다.

중국의 곤륜산에 사는 유명한 선녀인 서왕모는 아름다운 연못가에 '불로(不老)의 명과(名菓)'인 천도복숭아를 키우고 있었다.

그런데 서왕모는 '사람을 늙지 않게 하는 과일'인 천도복숭아가 익는 계절이 오면, 신선들을 초청해서 함께 즐기고 기뻐하는 큰 잔치를 개최했다.

조선의 궁중 화가들은 이러한 전설을 바탕으로 해서 조선 특유의 그림인 〈해학반도도〉를 그렸다. 특히 이 그림은 노란색과 청록색을 바탕으로 그렸는데, 바다에는 새하얀 파도가 넘실거리고 하늘에는 붉은 태양이 이글거린다. 그리고 이러한 대자연을 배경으로 마치 신선 같고 선녀 같은 백학들이 무리를 지어 등장한다.

이 그림은 신비롭고 환상적인 선경(仙境)의 풍광을 마치 내셔널 지오그래픽의 자연 다큐멘터리의 한 장면처럼 그린 '조선 궁중회화의 꽃'이다. 현재 이 그림은 북한의 평양 중앙역사박물관에도 있고, 하와이의 호놀룰루 아카데미 박물관에도 소장되어 있다.

조선의 또 다른 궁중 회화였던 '십장생도 병풍' 중에서 가장 유명한 것은 현재 미국 오리건 대학교 박물관에서 소장하고 있는 그림이다. '십장생도 병풍'은 늙지 않고 죽지 않는 영원한 존재를 상징하는 10개의 동식물과 동물들을 그린 조선 특유의 그림이다.

특히 이 그림은 대한제국의 마지막 황제였던 순종과 관련이 있는 것으로 알려져 있다. 순종이 왕자였던 어린 시절에 천연두를 심하게 앓은 적이 있는데, 병이 나은 것을 축하하기 위해 그린 그림이라는 것이다. 어린 왕자의 천연두가 다 낫고 건강이 다시 회복된 경사스런 일을 축하하기 위해 여러 신하들이 합심해서 만들었다는 일화가 이 병풍의 가치를 더욱 높여 주는 듯하다.

낙선재에서 또 다른 구경거리는 후원에 있는 아름다운 꽃이 핀 계단과 굴뚝들이다. 마침 화사하게 핀 꽃들이 옛 담장과 어우러져 한껏 운치를 뽐어내고 있었다.

꽃이 있는 계단과 굴뚝

조선 왕실 최후의 안식처가 된 창덕궁 낙선재

1910년 8월 29일에 조선은 일본의 식민지가 되었다.

대한제국 제2대 황제인 순종(1874~1926)은 나라를 잃은 '망국의 왕'이 되었다. 그의 형제들은 일제가 붙인 이런저런 구실로 인해 일본으로 건너가 지내야 했다. 한마디로 일제의 볼모가 된 것이다.

이복동생인 영친왕 이은(1897~1970)은 일본 육군사관학교에서 군사교육을 받고, 일본 왕족인 마사코(이방자) 여사와 혼인을 해야 했다. 그리고 여동생인 덕혜옹주(1912~1989)는 14세에 일본으로 건너가 그곳에서 공부를 하고, 일본인과 결혼하였다.

낙선재

영친왕의 외아들인 이구(1931~2005)는 1953년에 미국 MIT공대로 유학을 갔다. 건축학을 전공한 그는 미국에서 우크라이나계 미국 여성인 줄리아 멀록(결혼 후 이름은 줄리아 리)과 결혼을 했다. 그러나 결혼 생활이 순탄치 않았는지 그는 줄리아 리와 이혼을 하게 된다.

그후 일본 도쿄 치요다구의 아카사카 프린스 호텔에 머물던 이구는 2005년 갑자기 심장마비로 사망했다. 장례를 치루기 위해서 이구의 시신이 서울로 운구되었다.

마침 그때, 이구의 아내였던 줄리아 리도 자신의 인생을 영화로 제작하는 문제 때문에 서울에 머물고 있었다. 결국 그녀는 자신의 남편이었던 이구의 장례식을 멀리서 지켜보며 눈물을 흘려야 했다.

이처럼 기구한 운명의 주인공이었던 영친왕 이은 · 그의 부인이었던 이방자 여사 · 고종의 막내딸이었던 덕혜옹주 · 우크라이나계 미국 여성이었던 줄리아 리, 이들은 모두 창덕궁의 낙선재에서 말년을 보냈다.

창덕궁의 낙선재는 이처럼 망국의 한을 가슴속 깊이 안고 비운의 삶을 살아야 했던 그들에게, 마지막 안식처가 되었다.

시청역

10

조선 왕실의 시크릿 가든

후원

'후원'은 창덕궁과 창경궁에서 공동으로 사용하던 아름다운 정원이었는데, 2천 년대 이전에 성인이었던 사람들에게는 '비원'이라는 명칭이 훨씬 친숙하다. 그때는 '비밀의 정원'이란 의미에서 '비원'이라는 명칭을 사용했기 때문이다.

후원의 면적은 아주 넓은데 상당히 가파른 오르막과 내리막이 있다. 전체 면적은 창덕궁의 두 배나 되고, 그 안에는 네 개의 골짜기가 있기 때문에 여행자들은 운동화를 신는 것이 필수적이다.

입장권은 창덕궁과 별도로 다시 구입해야 하는데, 그렇다고 해서 자유롭게 살 수 있는 건 아니다. 창덕궁이 문을 여는 화요일~일요일 오전 9시에 선착순으로 50장만 판매를 한다. 그래서 창덕궁 관광을 계획할 때 후원도 관람할지 미리 정해 두는 게 좋다. 한 번 관광하는 데 소요시간은 1시간 30분 정도이다.

여행자들은 자신이 신청한 시간에 맞춰서 후원 관광을 시작하는 장소에 와서 미리 기다려야 하는데, 창덕궁에서 창경궁으로 들어가는

창덕궁 후문인 함양문

통로이자 '창덕궁 후문'인 함양문 앞에서 기다리면 된다.

낙선재에서 1~2분 정도만 오르막길로 걸어 나오면, 다시 두 갈래 길을 만나는데, 그곳에서 오른쪽을 바라보면 함양문이 가까이에서 보인다.

함양문을 통과해 후원으로 들어서면 오르막길이 시작된다. 이 길을 5~6분 정도 걷다 보면 아름다운 연못과 정자가 모습을 드러낸다. 이 연못은 부용지(芙蓉池)이다.

부용지와 부용정

이미 봄이 저만치 지나가고 초여름이 성큼 다가오고 있는 부용지 한쪽에는, 마치 숲속의 선녀가 새하얀 두 다리를 물속에 담그고 있는 듯한 모습의 부용정(婦容亭)이 새하얀 돌기둥을 푸른 연못 속에 담근 채 다소곳이 앉아 있다.

그리고 부용지와 부용정이 한눈에 내려다보이는 낮은 언덕 위에는 작은 누각인 영화당(映花堂)이 환한 미소를 짓고 있다. 영화당에서 부용지와 부용정을 내려다보니, 그 모습이 한결 더 예쁘게 조망된다.

옛 기록을 보면, '역대 임금들이 이 연못가에 앉아서 낚시도 하고 꽃놀이도 즐겼다'고 한다.

그러나 어찌 꽃놀이만 즐겼을까?

말 많고 탈 많은 인간사에 지친 왕과 왕비가 이 연못가를 걸으면서 얼마나 많은 시름을 내려놓았을까?

부용지를 출발해서 또 다른 골짜기가 있는 방향으로 걸음을 옮기는데, 길 왼쪽에 청와대에서 보았던 것과 똑같은 문이 하나 있는 게 아닌가. 그것은 불로문(不老門)이었다.

불로문은 지체 높은 왕족들이 무병장수(無病長壽)와 불로회춘(不老回春)을 기원하기 위해 큰 바위 하나를 통채로 다듬어서 만든 문이다. 아마도 청와대에서도 대통령과 가족들의 안전을 기원하기 위해 이곳에 있는 것과 똑같은 불로문을 그곳에 세웠을 것이다.

불로문 안으로 들어가니, 또 다른 연못이 우리를 맞이한다. 이 연못은 '애련지'이다. 후원에서 두 번째로 만나는 예쁜 연못인 애련지에도 작은 정자인 '애련정'이 다소곳이 고개를 숙인 채 맑은 물속에 다리를 담근 단아한 모습을 하고 있다.

애련지 위에는 더 작은 연못이 또 하나 있는데, 이 작은 연못의 이름은 '수당지'라고 한다. 수당지에는 작은 연잎들이 수면에 가득 떠 있고, 한쪽에는 돌로 조각된 용의 머리에서 맑은 물이 콸콸 나오고 있

애련지와 애련정

었다.

이 연못 바로 위에는 큰 한옥이 있는데, 연경당(演慶堂)이라고 한다. 조선의 제23대왕인 순조(1790~1834)의 아들인 효명세자가 연로하신 부모님을 위해 큰 잔치를 베풀고 지극한 효성을 다했다는 이야기가 전해오는 한옥이다.

연경당의 대문인 장락문(長樂門) 안으로 들어가면, 또 하나의 문이 보인다. 그 문을 거쳐 내부로 들어가면, 오른쪽에는 문화행사를 할 수 있는 넓은 마당이 나타난다. 왼쪽에는 여성들이 거주했던 안채가 나타나는데, 방들이 굉장히 많이 있는 것이 큰 특징이다.

연경당 뒤쪽으로 가면, 또 다른 골짜기로 연결되는 오솔길로 올라가는 작은 문이 보인다. 그 문을 통과해서 오솔길을 걸어가면, 오른쪽에 아주 넓은 연못이 나타난다. 이 연못은 얼핏 보면 한반도 형태를 닮기도 했는데, 정식 명칭은 관람지다.

연못가에는 특이하게도 부채꼴 모양으로 생긴 정자인 관람정이 있다. 관람지를 천천히 돌아보면, 연못의 다양한 모습을 구경할 수 있다.

▶한반도 모양의 연못, 관람지
▶▼취한정

이제 후원의 가장 깊은 골짜기에 있는 상류 쪽으로 발걸음을 옮길 때가 되었다. 관람지에서 북쪽으로 계속 이어지는 오솔길을 따라 걸으면, 취한정이란 정자가 마치 숲속에서 길을 알려주는 커다란 이정표처럼 서 있는 모습이 보인다. 그 정자에서 왼쪽으로 발길을 돌리면, 골짜기 상류의 맑은 물이 바위 아래의 개울로 떨어지는 광경이 눈에 들어온다.

그리고 그 뒤쪽으로는 작은 초가와 태극정(太極亭)이란 정자가 보이는데, 그 옆에는 '쌀'을 얻기 위해 봄에 모내기를 한 작은 논이 붙어

있다. 파릇파릇 한 모들이 개울가에 놓여 있는 모습이 싱그럽다. 그 주변에는 '청의정'과 '소요정'을 비롯한 작은 정자들이 세워져 있다.

후원의 가장 안쪽에 있는 옥류천 골짜기와 작은 정자들을 구경하고 나니,

◀바위 아래로 떨어지는 맑은 물
▼가파른 돌계단길

이제 창덕궁 밖으로 나가야 하는 시간이 되었다. 후원으로 입장한 단체 관광객들이 관람하는 데 허용된 시간이 거의 다 된 것이다.

옥류천 골짜기에서 창덕궁 방향으로 나가는 길에는 걷기 좋은 오솔길도 있지만, 가파른 돌계단도 있다. 돌계단을 지나고 나니 넓은 내리막길이 나타났다. 긴 내리막길이 다 끝나는 곳에 '안녕히 가십시오'라는 작별의 인사말이 우리를 전송한다. 창덕궁의 긴 담장 밖으로 보이는 빌딩들을 보니, 여기가 한국에서 가장 번화한 수도인 서울이라는 것이 새삼 실감이 난다.

이제 창경궁으로 발길을 돌리기로 한다. 여기서 창경궁으로 곧바로 가려면 다시 함양문 쪽으로 되돌아가면 된다. 거기에 창경궁 매표소(함양문 매표소)가 있기 때문이다.

긴 담장 밖으로 보이는 빌딩들

후원에서 심신을 수련한 영특한 왕자, 효명세자

후원의 연경당은 조선의 수많은 왕자들 중에서 효명세자의 스토리가 가장 많이 깃들어 있는 공간이다.

효명세자(1809~1830)는 조선 제23대 왕인 순조(1790~1834)의 아들이다. 건강이 좋지 않았던 순조는, 1827년에 19세의 효명세자에게 자신을 대신해서 나라를 다스리는 대리청정(代理聽政)을 시켰다.

아주 영특하고 효심이 강했던 효명세자는 연경당에 머물면서 자신의 재능을

연경당의 대문인 장락문

한껏 발휘한다. 특히 예술적인 기질이 뚜렷했던 그는 궁중 무용의 안무와 편곡에도 깊이 관여했다. 또한 왕실 어른들을 위한 연회를 직접 연출할 정도로 예능에 관심과 재주가 많았다. 그는 실로 조선 왕실의 만능 엔터테이너(Entertainer)였다.

조선의 문예군주(文藝君主)를 꿈꾸며 20대의 열정을 한창 불사르던 그는, 1830년에 너무나 허망하게 22세의 젊은 나이에 세상을 떠나고 만다. 결국 1834년에 효명세자의 아들이, 불과 8세의 나이에 제24대 헌종으로 즉위하게 된다.

왕실의 여인들이 거주했던 연경당 안채

시청역

11

조선 왕실 여성들의 궁전

창경궁

창덕궁의 후문인 동시에 창경궁의 후문이기도 한 '함양문'에 오면 오른쪽에 창경궁 입장권을 파는 매표소가 있다. 표를 구매해서 창경궁 후문으로 입장하면, 곧게 이어지는 넓은 비포장 길이 시야에 들어온다. 약간 내리막인 그 길을 따라 천천히 걷기 시작하면, 길 아래쪽으로 창경궁의 여러 건물들이 보이고, 또 저멀리 서울의 종로3가 방향에 있는 고층 빌딩들이 두 눈 가득 들어온다.

이 길을 천천히 걷다 보면, 창경궁 건물들이 언덕 아래에 있는 낮은 평지에 조성되었다는 사실을 알게 된다. 또 창덕궁의 여러 건물들이 창경궁보다 높은 언덕 위에 지어졌다는 사실도 실감이 난다.

창경궁은 제9대 임금인 성종(1457~1494)이 할머니와 어머니를 편히 모시기 위해 지은 왕궁이다. 현재 성종은 강남 선릉역 인근의 선정릉에 부인 정현왕비와 아들인 중종(1488~1544)과 함께 잠들어 있다.

성종은 탄생하자마자 비운의 일을 겪는 파란만장한 인생을 보낸 왕

창경궁 정문. 전경 뒤편으로 후원의 숲이 펼쳐져 있다.

이었다. 제7대 왕인 세조(1417~1468)의 손자인 그는 태어난 지 불과 2개월 만에 아버지를 여의게 된다. 그래서 그는 할아버지인 세조의 슬하에서 지내게 된다. 어린 시절부터 무척 영특해서 할아버지의 총애를 듬뿍 받으면서 자랐다.

그후 할아버지의 둘째아들이 왕위를 이어받아, 조선의 제8대 왕인 예종(1450~1469)으로 즉위한다. 그런데 18세의 젊은 나이에 왕위에 오른 예종이 불과 14개월 만에 요절하고 말았다. 그러자 왕위 계승 서열 3위였던 그가 할머니인 정희왕후의 도움으로 조선의 제9대 임금인 성종이 된다.

하지만 불과 13세의 어린 나이에 왕이 되었기 때문에, 할머니인 정희왕후가 그를 대신해서 나라를 다스리는 수렴청정을 1469~1476년까지 하였다.

이처럼 어린 시절부터 할아버지인 세조와 할머니인 정희왕후의 따뜻한 사랑 속에서 성장한 그는 나이 많은 노인들에 대한 공경심이 남달랐다. 그가 1484년에 창경궁을 완공하는데, 이 역시 할머니인 정희왕후 · 어머니인 소혜왕후 · 작은 어머니인 인순왕후를 안락하게 모시기 위해서였다.

이렇듯 창경궁은 성종의 갸륵한 효심으로 만들어진 왕실 여인들을 위한 궁전이었다. 그러나 조선 전기에는 많이 활용되지 못했으나 후기에 이르러 주요 궁궐로 사용되면서 왕실의 중심 무대가 되었다. 그만큼 사건도 많았지만, 정조 · 순조 · 헌종 등 많은 임금이 여기서 태어났다.

그런데 창경궁에는 슬픈 비화가 있다. 일제는 식민지 당시 우리 문화재를 훼손하고 강탈해 갔는데 창경궁이 대표적 사례에 속한다.

일제는 1909년(순종 3) 창경궁 안의 전각들을 헐어버리고 동물원과 식물원을 설치하는 등 훼손하더니 1911년에는 창경궁을 창경원으로 격하시키고, 창경궁과 종묘를 잇는 산맥을 끊어 도로를 설치하는 등 민족 정기를 말살하려 하였다. 또 궁 안에 일본 국화인 벚꽃을 수천 그루 심어 놓고는 1924년부터 벚꽃놀이를 시작하였다.

창경궁은 해방 이후에도 오랫동안 놀이공원으로 이용되다가 1980년대에 '창경궁 복원 계획'이 세워졌다. 1983년 12월 30일에는 이름도 원래 명칭인 창경궁으로 바뀌었다. 1984년부터 1986년 8월까지 동물원과 식물원 시설 및 일본식 건물을 철거하고 문정전 등을 복원했으며, 벚꽃나무도 소나무 · 느티나무 · 단풍나무 등으로 교체하고 한국 전통의 정원을 조성하는 등 원래의 모습을 되찾게 되었다.

함양문에서 창경궁으로 들어가는 길에 보이는 아름다운 나무와 숲길은 창경궁이 많은 시련을 겪었음에도 굳건하게 자리를 지켜왔음을 보여준다. 이 길은 이렇게 창경궁의 자연 경관을 먼저 살펴보고 아래로 내려가 건물을 감상할 수 있게 해준다. 이 길을 따라가면서 가장 먼저 가볼 만한 곳이 '춘당지'다.

춘당지

함양문에서 '춘당지'로 가는 길은 약간 내리막길인 데다 길이 상당히 넓다. 조금만 내려가면, 길 오른쪽에 음료수를 파는 자동판매기와 벤치들이 놓여 있는 휴식 장소가 보인다. 그곳에서 창경궁의 첫번째 목적지인 춘당지가 정면에 보인다.

춘당지로 다가가면, 명경처럼 잔잔한 호수의 수면에 나무들의 모습이 마치 그림처럼 비친다. 춘당지는 호수 주변을 천천히 한 바퀴 돌 수 있게 되어 있다. 창경궁의 뒤쪽에 위치한 한적한 호수를 천천히 걸으면 이곳에서 살았던 조선 왕실 여인들의 한가로움을 잠시 느껴 볼 수 있다.

춘당지에서 정문 쪽으로 내려가면 창경궁의 건물들이 눈에 들어오기 시작한다. 이 길은 무척 평탄하다.

정문 쪽으로 거의 다다르면, 오른쪽에 나무 두 그루가 서로 팔을 크게 벌려 포옹하고 있는 듯한 모습을 볼 수 있다. 서로 다른 종인 느티나무와 회화나무가 함께 뒤엉겨 자라는 희귀한 광경이라서 사람들이

홍화문

무척 신기해한다.

여기서 앞에 있는 건물의 작은 문인 '광덕문'(光德門)을 통과하면, 왼쪽에 창경궁의 정문인 '홍화문'이 멋진 모습을 자랑하고 있다. 이곳에서 오른쪽으로 발길을 옮기면, 왕이 공식 행사를 치루던 '명정전'으로 들어가는 '명정문'이 계단 위에 높이 서 있다. 명정문 안에는 명정전이 자리잡고 있다.

광덕문

명정전

창경궁에서 가장 아름다운 회랑

명정전 옆으로 나오면 문살의 무늬가 유난히 아름다운 긴 회랑이 나타난다. 연녹색의 지붕과 붉은색의 기둥들이 고색창연한 창경궁의 오랜 역사를 말해 주는 듯하다.

아름다운 회랑을 지나서 뒷쪽에 있는 넓은 마당으로 걸어나가면, 마

함인정

치 백학이 커다란 두 날개를 활짝 펴고 창공으로 비상하는 듯한 느낌을 주는 '함인정'이 관광객들을 기다리고 있다.

함인정을 지나가면, 눈앞에 가파른 계단이 보인다. 이 계단은 창경궁의 후문인 함양문으로 향하는 마지막 계단이다.

이제 이 계단을 올라가서 창경궁 후문이 있는 왼쪽 길을 통해 다시 창덕궁 안으로 들어가면, '조선 4대 고궁' 여행이 모두 끝나게 된다.

여기서 주의할 사항은 창덕궁과 창경궁의 입장권 두 장을 반드시 함께 지참하고 다녀야 한다는 것이다. 그래야만 창덕궁과 창경궁을 자유롭게 오가면서 마음껏 관광을 할 수 있다.

창경궁과 종묘 사이의 아름다운 산책로

2022년 7월 22일.

창경궁 남쪽과 종묘 사이에 끊어졌던 길이 90년 만에 다시 이어지는 경사스런 일이 생겼다. 아름답고 의미있는 이 길을 걷기 위해서는 창경궁으로 가면 안 된다. 창덕궁의 정문인 돈화문 앞에 서면, 오른쪽에 있는 창덕궁 담을 따라 작은 숲길이 이어지는 것을 볼 수 있다.

숲 사이로 난 오솔길을 따라 올라가면, 90년 만에 이어진 창경궁 남쪽과 종묘 사이의 길로 들어가는 입구가 나타난다.

편안한 내리막길로 이어지는 이 길을 따라 걸으면, 왼쪽에는 창경궁의 담과 함께 창경궁 내부의 숲도 볼 수 있다. 그리고 오른쪽에는 종묘로 들어가는 대문도 보인다. 그러나 아직 그 문을 통해서 종묘로 입장할 수는 없다.

여기서 약 10분 남짓 걸으면 그 길은 끝이 나고, 큰 도로로 내려가는 에스컬레이터가 나타난다. 그러면 그곳에서 뒤로 돌아서는 게 좋다. 조금 전에 입장했던 오솔길의 입구로 다시 걸어 나오면 새로운 곳을 구경할 수 있기 때문이다.

90년 만에 이어진 오솔길

다시 돌아온 오솔길의 입구에서 왼쪽에 있는 계단으로 내려가면, 종묘의 돌담을 따라 예쁜 한옥과

멋진 카페들이 장사를 하고 있는 '서순라길'이 관광객들을 기다리고 있다. 이 길은 서울 관광의 새로운 재미를 느끼기에 충분하다.

▶▲▲서순라길로 내려가는 계단
▶▲서순라길
▶서순라길의 예쁜 한옥

시청역

12

서울 청계천의 랜드마크

소라탑

서울 구도심의 중심을 흐르고 있는 청계천은 조선시대 이후 수많은 사연들을 간직하고 있는 대단히 드라마틱한 하천이다.

청계천은 북쪽의 북악산과 인왕산 그리고 남쪽에 있는 남산에서 내려오는 작은 실개천의 물줄기들이 모두 모인 곳이기 때문에 물이 맑고 깨끗한 하천이었다.

그러나 1392년에 조선이 건국하고, 서울(한양)이 조선의 수도로 결정되면서 이 일대는 큰 변화가 일어나게 된다. 청계천의 북쪽 벌판에 왕궁들이 건설되고, 서울의 중심도로인 육조거리(지금의 세종로)와 운종가(지금의 종로)가 생기고, 수많은 주택과 상점들이 들어서게 되었다.

그후 청계천의 물길 위로 많은 다리들이 건설되기 시작했고, 조선팔도에서 올라온 수많은 사람들이 이곳으로 모여들었다. 청계천 주변은 복잡한 상업거리로 변해 서울의 경제와 문화를 이끄는 중심이 되었다.

그런데 근대에 이르러 도시화가 가속화되어 서울 인구가 급속도로 늘어나면서 많은 문제가 발생하게 되었다. 특히 청계천이 혼탁한 생활 하수로 심하게 오염되어 악취를 풍기는 '도심의 하수구'로 전락하고 만 것이다.

결국 정부는 1976년 청계천을 시멘트로 복개해 버렸고, 그 위에 아스팔트를 깐 고가도로를 새롭게 건설했다. 그러고는 이것이 발전하는 서울의 현대적인 모습이라고 크게 홍보하였다. 아스팔트와 콘트리트와 고가도로로 뒤덮인 청계천은 푹푹 썩어가고 있는데도 아무도 신경쓰지 않았다.

결국 환경보호와 생태복원의 문제가 대두하면서 청계천이 집중적으로 거론되기 시작했다. 마침내 2003년, 그동안 파괴되고 잊혀진 옛 청계천의 모습을 다시 살리기로 결정한다.

이렇게 해서 시작된 청계천 복원 프로젝트는 청계천에 맑은 물이 흐르게 하는 데에만 그치지 않고, 조선왕조 5백 년 동안 청계천에 담겨 있던 수많은 옛이야기들을 다시 살려내는 문화의 물길도 다시 흐르게 만들었다.

서울을 방문한 여행자라면 당연히 생태하천으로 새롭게 태어난 청계천을 둘러보는 것도 의미가 있을 것이다. 청계천 관광은 5호선 광화문역과 2호선 시청역 사이에 위치한 '청계천 광장'에서 시작한다.

청계천

광화문역 5번 출구로 나오면 좌측에 동아일보 사옥이 있다. 그리고 바로 그 앞에 청계천의 랜드마크인 소라탑(SPRING)이 우뚝 세워져 있는 청계천 광장이 보인다. 소라탑은 세계적인 조각가 클라스 올덴버그(Claes Oldenburg) 부부의 작품이다.

청계천의 상징인 소라탑

만약 관광객들이 지하철 1호선이나 지하철 2호선의 시청역에서 내린다면, 4번 출구로 나오기 바란다. 그러면 광화문으로 향하는 도로인 세종대로의 우측에 서울신문사 사옥(서울 프레스 센터 빌딩)이 보이고, 좌측에는 조선일보사의 옥외광고판이 부착된 코리아나 호텔이 보일 것이다.

인도를 따라 광화문 방향으로 2~3분만 걸어가면, 우측에 청계천의 랜드마크인 소라탑이 눈앞에 나타난다. 소라탑 옆을 보면, 청계천으로 흐르는 맑은 물을 의미하는 작은 실개천 모양의 홈이 청계천 광장 바닥에 파여 있는 것을 볼 수 있다. 이 실계천의 끝부분이 청계천이 시작되는 작은 폭포로 이어져 있다.

청계천은 주변에 한국의 주요 기업과 거대한 금융회사들의 높은 빌딩들이 세워져 있고, 현대적인 디자인의 멋진 다리들이 22개나 건설된 서울 도심의 생태관광지로 유명하다.

그러나 타임머신을 타고 약 6백 년 전으로 되돌아가면, 조선시대의

청계천이 시작되는 작은 폭포

모전교

청계천에는 7개의 돌다리가 놓여있었다. 그리고 이 부근에는 웅장한 궁궐과 왕족들의 저택이 있었고, 관청이 늘어선 육조거리와 전국에서 모여든 수많은 상인들이 업무를 보고 영업을 하는 운종가가 있었기 때문에, 청계천 주변에는 돌다리를 부지런히 오가는 사람들로 대단히 붐비고 있었다.

그래서 조선시대에 놓였던 다리와 현재 놓여 있는 다리의 모습들을 서로 비교하면서 탐방을 하는 것이 청계천의 역사적 · 문화적 의미를 이해하는 데 더욱 도움이 될 것 같다.

먼저 청계천을 보기 위해 아래로 내려가면 첫 번째 만나는 다리가 있다. 이 다리의 명칭은 '모전교'이다. 이 근처에 상점들이 많았기 때문에 이 다리는 모전교라는 이름을 갖게 되었다.

청계천 주변에는 관청이 많이 있고 다리를 건너는 통행인들도 많았기 때문에 자연스럽게 크고 작은 가게들이 즐비하게 들어섰다. 그 중에는 종이를 파는 가게, 쌀을 파는 가게, 옷을 파는 가게, 과일을 파는 가게들이 있었다.

쌀을 파는 가게를 '싸전'이라 불렀고, 과일을 파는 가게를 '모전'이라고 불렀다. 그런데 이 다리의 주변에는 과일을 파는 가게인 '모전'이 많이 있었다. 그래서 2003년에 청계천 복원공사를 할 때, 이곳에 건설하는 청계천의 첫 번째 다리 명칭을 모전교로 정한 것이다.

청계천 복원은 생태적 의미도 있지만 시민들에게 안락한 휴식공간을 제공한다는 의미도 컸다. 그래서 청계천 곳곳에는 산책하는 사람들이 편안하게 쉴 수 있는 벤치와 '해 가리개'도 마련되어 있다. 또 돌을 깎아 만든 징검다리도 놓여 있다.

청계천을 복원하고 나서 백로가 돌아왔다. 생태환경이 회복되었다는 것을 느낄 수 있게 되었다. 그래서 백로는 '청계천 생태 복원의 상

청계천의 상징이 된 백로

옛 다리 그대로 복원한 광통교

징새'가 되었다.

청계천에서 만나는 두 번째 다리는 '광통교'이다. 이 다리는 조선시대에 세워졌던 다리인데, 2003년에 청계천 복원공사를 할 때 하수도 속에 파묻혀 있던 5백 년 전의 다리를 발견했다. 그래서 그 당시 모습 그대로 복원한 조선시대의 전통 돌다리이다.

광통교는 아주 비극적인 스토리를 간직한 다리다. 영국의 세익스피어가 쓴 희극「로미오와 줄리엣」을 보면, 몬테규 가문과 캐퓰랫 가문의 오랜 반목에 대한 이야기가 나온다. 그런데 광통교에 얽힌 반목의 이야기는, 한 가문의 의붓형제들 간에 일어난 피비린내 나는 복수의 이야기이다. 이 비극의 가문은 바로 조선을 건국한 '태조 이성계' 가문이다.

태조에게는 두 명의 부인이 있었는데, 첫 번째 부인인 신의왕후는 6남 2녀를 낳았다. 그리고 둘째 부인인 신덕왕후는 2남 1녀를 낳았다.

비극의 발단은 태조 이성계를 이을 왕세자를 책봉하는 문제에서 시작되었다. 둘째 부인인 신덕왕후를 무척 사랑했던 태조 이성계가 신의왕후의 첫째아들을 제쳐 두고는 신덕왕후의 막내아들을 왕세자로 덜컥 결정해 버렸다.

이렇게 되자 아버지의 결정에 앙심을 품은 신의왕후의 다섯 번째 아들인 이방원은 신덕왕후의 두 아들을 모두 살해해 버렸다. 이에 크게 상심한 태조 이성계는 첫 번째 부인인 신의왕후의 둘째아들 방과에게 왕위를 물려주고, 정치에서 물러나 버렸다.

그러나 야심가였던 이방원은 이마저도 용납하지 않았다. 불과 2년 후인 1400년에 자신의 친형인 방과, 곧 정종마저 임금의 자리에서 몰아내고, 조선의 제3대 왕인 태종으로 즉위했다.

그후 신덕왕후가 병으로 세상을 떠나게 된다. 애통해하던 태조 이성계는 신덕왕후의 무덤을 경복궁과 가장 가까운 남쪽의 양지바른 명당에 만들도록 지시한다(지금의 덕수궁 자리). 그러나 태종은 자신이 미워하던 계모의 무덤이 경복궁과 가까이 있는 것이 몹시 싫었다. 그래서 그는 태조 이성계가 사망한 후에, 계모인 신덕왕후의 무덤을 경복궁에서 멀리 떨어진 북한산의 한적한 계곡 아래로 옮겨 버린다.

그로부터 10년 후. 여름에 장마가 오랫동안 계속되더니, 결국 서울에 큰 홍수가 일어나고 말았다. 그러자 청계천의 물이 넘쳐서 나무로 만든 다리가 급류에 떠내려가고, 청계천변에 있던 많은 집들도 거친 물살에 휩쓸려 떠내려갔다. 게다가 사람들마저 물속에 빠져 목숨을 잃는 일까지 발생했다.

장마가 다 끝난 후, 태종은 청계천에 튼튼한 돌다리를 새로 건설하라고 명령을 내리게 된다. 그런데 그 다리를 새로 놓을 때 사용하는 재료를 신덕왕후의 무덤에 있던 돌들을 사용하라고 지시한 것이다.

그때 건설한 돌다리가 광통교다. 신덕왕후가 얼마나 미웠으면 무덤에 있던 돌로 다리를 만들고 사람들이 그 돌을 밟고 지나다니게 했을

신덕왕후 무덤에 있던 돌들

까 싶다. 500년 동안 다리가 되었던 그 돌들은 1976년에 청계천을 복개할 때 하수구와 함께 지하에 파묻히고 말았다.

2003년에 청계천 복원공사를 할 때, 하수도 속에 파묻혀 있던 5백 년 전의 그 다리를 다시 찾아냈다. 그리고 온갖 생활하수와 쓰레기로 뒤덮여 있던 5백 년 전의 광통교에서 신덕왕후의 무덤에 있던 돌들도 함께 발견되었다.

광통교를 지나면 작은 나무 다리가 놓여 있어, 반대편 산책로 쪽으로 쉽게 건너갈 수 있다. 곧장 더 걸어가면 '광교'가 보인다.

광교는 청계천에 놓인 다리들 중에서도 대단히 중요한 다리다. 왜냐하면 이 다리는 북쪽의 '종각역'과 남쪽의 '을지로 입구역'을 남북으로 연결하는 굉장히 넓은 다리이기 때문이다. 두 지역을 오고가는 통행량이 아주 많은 곳이라 요긴하게 쓰이고 있다. 광교의 북쪽에 있는 '종각역'은 종로가 시작되는 중요한 곳이고, 남쪽에 있는 '을지로 입구역'은 롯데백화점 · 롯데호텔 · 신세계백화점 · 남대문시장 · 명동으로 가는 대단히 붐비는 지하철역이다.

광교에서부터 장통교 사이에는, 정조가 아버지인 사도세자의 무덤을 찾아가는 행차인 〈정조대왕 능행 반차도〉를 그린 대형 타일 벽화가 붙어 있다.

조선시대에 한양을 출발해서 에도(지금의 도쿄)로 향하던 조선통신사의 행렬보다 더 호화스러워 보이는 이 행렬의 주인공은 조선 제22대 왕인 정조다.

정조가 이처럼 많은 신하와 군사를 이끌고 먼 길을 떠난 최종 목적지는 어디였을까? 여기에는 불행하게 생을 마감한 아버지 '사도세자'를 향한 정조의 애틋하고도 눈물겨운 스토리가 깃들어 있다.

제21대 왕인 영조(1694~1776)의 뒤를 이을 왕세자는 사도세자였다. 그런데 사도세자(1735~1762)는 궁중에서 벌어지던 온갖 암투로 인해 극심한 조울증을 앓고 있었다. 특히 사도세자와는 정적 관계에 있던 노론(당시 유력한 정치 세력)의 이간질로 부자 간의 사이가 나빠지자, 사도세자의 상태는 더욱 안 좋아진다. 갈수록 심각한 정신적인 질환을 앓고 있던 사도세자는 계속해서 큰 사고를 일으켰다.

영조는 이를 핑계로 사도세자를 쌀을 보관하는 뒤주 속에 가두고 굶어 죽게 하였다. 어찌 보면 정치적 희생양이 되고 만 것이다. 이때 사도세자의 나이는 28세였고, 이산(정조)의 나이는 불과 10세였다.

영조의 사망 후, 이산은 25세에 제22대 왕인 정조(1752~1800)가 되

〈정조대왕 능행 반차도〉를 그린 대형 타일 벽화

정조대왕 능행차 모습

었다. 불과 열 살이란 어린 나이에 아버지의 비통한 죽음을 직접 목격했던 정조는, 어머니인 혜경궁 홍씨를 모시고 아버지의 무덤이 있는 수원의 화성으로 참배를 하러 갔다.

정조가 경기도 수원에 있는 아버지 무덤을 찾아가는 일은 대단히 힘든 일이었다. 왜냐하면 정조가 머물던 창덕궁에서 수원의 화성으로 가기 위해서는 폭이 넓고 수량이 많은 한강을 건너야 했기 때문이다. 게다가 그 당시에는 악사가 120명이나 되고, 가마꾼과 말을 포함해서 전체 일행이 1,500명이나 되는 많은 사람들이 다 함께 한강을 건너갈 수 있는 다리가 없었다.

결국 정조는 폭이 넓은 한강에 수많은 배들을 동원해서 임시 다리를 만들어 사도세자의 무덤인 현릉원까지 참배하러 갔다. 효성이 지극한 정조는 자신의 재위기간 동안 왕복 150km나 되는 그 먼 길을 13번이나 참배했다.

우리가 청계천을 관광하는 날, 우연찮게도 '정조대왕 능행차' 재현행사가 있었다. 우리는 정말 운이 좋게도, 창덕궁을 출발해서 경기도 수원으로 가는 정조와 신하들의 행렬을 재현하는 문화행사를 사진에 담을 수 있었다.

청계천에서 만나는 네 번째 다리는 '장통교'이다. 장통교를 지나면, 바위 사이로 작은 폭포가 보인다. 또 큰 돌들이 듬성듬성 놓여 있는 작은 징검다리도 있다.

청계천에서 만나는 다섯 번째 다리는 '삼일교'이다. 삼일교 옆에는 청계천이 복개되던 1970년대에 '한국 최초의 마천루'였던 삼일빌딩이 위용을 자랑하고 있다. 그 당시 서울에서 가장 높은 빌딩은 31층인 삼일빌딩이었고, 1980년대에는 여의도에 있는 대한생명보험사의 사옥이었던 63빌딩이었다. 그리고 지금은 서울의 관광특구인 송파구 잠실에 있는 123층의 롯데 월드 타워(높이 555m)이다.

5백 년 전의 수표교 표석

청계천의 맑은 물속에서는 커다란 잉어들이 유유히 유영하는 모습을 자주 볼 수 있다. 청계천 위로 보이는 현대적인 빌딩들의 모습은, 이곳이 서울의 복잡한 구도심 한가운데에 복원된 '오아시스 같은 생태하천'이라는 사실을 다시금 상기시켜 준다.

청계천에서 만나는 여섯 번째 다리는 '수표교'이다.

수표교는 조선시대에 청계천을 흐르는 물의 높이를 측량하던 대단히 중요한 돌다리였다. 길바닥을 내려다보면, '5백 년 전의 수표교가 이곳에 있었다'는 역사적 사실을 알려주는 표석을 발견할 수 있다.

청계천 복원공사를 시작하던 2003년에 이곳에서 발견된 '5백 년 전의 수표교'는, 현재 '동국대 입구역' 부근에 있는 '장충단공원' 안으로 옮겨 놓았다.

청계천에서 만나는 일곱 번째 다리는 '관수교'이다.

관수교를 지나서 길바닥을 잘 살피면서 걸어가면, 이곳이 조선시대의 다리인 '하랑교'가 있던 자리라는 것을 알리는 표석을 찾을 수 있다.

세운교의 지상 모습. 멀리 세운상가가 보인다.

청계천에서 만나는 여덟 번째 다리는 '세운교'이다.

세운교는 후진국이었던 대한민국이 개발도상국을 거쳐 선진국으로 발전하는 과정을 알 수 있는 대단히 중요한 다리이다. 서울의 유명한 전자상가였던 '세운상가'를 청계천 위에서 이어주고 있다. 우리는 세운교의 지상 모습을 보기 위해 넓은 다리 위로 올라갔다.

1970년대의 세운상가는 도쿄의 유명한 전자상가인 '아키하바라'처럼 한국 최고의 전자상가였다. 그 당시 이곳에 모인 한국인들의 기술력은 정말 대단했다. 세운 상가에서는 탱크와 전투기도 만들 수 있다고 할 정도였다.

'세운'은 '세계의 기운이 모두 모인다'라는 의미이다. 세운교를 지나면 우측에 이육사 시인의 시(詩)「광야」를 나무에 새긴 시화가 걸려 있고, 그 아래 나무의자 2개가 놓여 있다.

청계천에서 만나는 아홉 번째 다리는 '배오개다리'이다. 그 다음 열 번째 다리는 '새벽다리'이다.

새벽다리를 지나면, 청계천변의 나무들이 더욱 많아지는 모습을 보게 된다. 나무들이 더욱 무성해진 청계천에서는 오리들의 자유로운 유영을 자주 목격할 수 있다.

청계천에서 만나는 열한 번째 다리는 '마전교'이다. 열두 번째 다리는 '나래교', 열세 번째는 '버들다리'다. 버들다리 옆에서는 물 속의 먹이를 노리고 있는 왜가리를 종종 볼 수 있다.

녹색의 담쟁이 덩쿨 아래에 있는 붉은 색의 '세잎 클로버 조형물'이 눈에 띈다. 청계천 위로 다양한 옷을 파는 도매시장인 '평화시장'의 긴 상가 건물이 보인다.

1953년 7월 27일에 6 · 25전쟁이 휴전 된 후, 서울에 살던 수많은 상인들이 평화를 기원하는 간절한 마음으로 만든 것이 바로 지금의 평화시장이다.

청계천에서 만나는 열네 번째 다리는 '오간수교'이다.

한밤중에도 꺼질 줄 모르는 평화상가의 불빛

이제 '청계천 관광'을 마무리하고, 큰 도로로 올라갈 준비를 해야 할 때가 되었다. 오간수교가 있는 곳까지가 바로 한양의 동쪽 대문인 '동대문'이 세워져 있는 '6백 년 전 서울의 동쪽 경계선'이다.

오간수교의 북쪽에는 지하철 1호선과 4호선의 '동대문역'이 있고, 남쪽에는 지하철 2호선과 4호선과 5호선의 '동대문 역사문화공원역'이 있다.

여기서 '서울의 전통문화의 거리'인 인사동으로 가려고 한다면, 삼일교에서 계단을 따라 청계천 북쪽으로 올라가는 것이 이동하기에 훨씬 가깝고 편리하다. 이곳에서 청계천 북쪽으로 올라가는 엘리베이터를 탈 수도 있다. 청계천 북쪽으로 올라오면, '삼일빌딩' 옆에 관광안내소가 있다.

만약 롯데백화점 · 롯데호텔 · 명동이 위치하고 있는 '을지로 입구역'으로 가고 싶다면, 광교에서 남쪽으로 나가기 바란다. 그러면 '을지로 입구역' 사거리의 코너에 자리잡고 있는 롯데백화점과 롯데호텔을 볼 수 있을 것이다.

명동과 명동성당

한국 사회에서 명동성당은 대단히 의미가 깊은 장소이다.

황금만능주의와 물신주의로 가득한 구도심의 상업지구 내에 영적인 가치를 추구하는 성당이 있다는 것은, 마치 사막에 오아시스가 있는 듯하다. 지난 군사독재 시절에는 민주화운동을 지지하고 민주 투사들과 사회적 약자들을 보호하는 데 앞장서기도 했다.

조선시대에 이 일대는 조용한 주택가였다. 그런데 일제 강점기에 이 일대가 일본인들의 거주지가 되면서, 서서히 상가들이 들어서기 시작했다. 게다가 '조선 최초의 백화점'인 미츠코시 백화점(현재 신세계 백화점)이 인근에 들어서면서 서울의 멋쟁이들이 이곳으로 몰려들었다.

명동성당

명동성당이 세워진 곳은 명동에서도 높은 고개가 있는 지역이다. 본래 그곳은 조선인 천주교 교인이었던 김범우 토머스가 거주하던 집이었다. 그 집터에 성당을 짓는 공사가 시작된 것은 1892년이었다. 그리고 6년 후인 1898년에 성당 공사가 완공되었다.

명동성당의 바로 건너편에는, 조선시대의 유명한 시인인 고산 윤선도의 집터가 있다. 그리고 명동 성당 아래쪽에는 명동 예술극장도 세워져 있다. 이처럼 예술의 기운 이 흐르는 명동에는 수많은 문화예술가들이 모여 들기도 했다.

그 중에서 명동을 대표하는 시인 중 한 사람은 박인환이다. 그의 대표적인 시 「목마와 숙녀」와 「세월이 가면」을 모르는 사람은 없을 것이다. 특히 그가 31세의 젊은 나이에 사망하기 1주일 전인 1956년에 노래로 만들어진 「세월이 가면」(박인환 작사, 박인희 노래)은 명동의 거리를 걷던 그를 생각나게 하는 주옥 같은 명곡이다.

세월이 가면

지금 그 사람 이름은 잊었지만
그 눈동자 입술은 내 가슴에 있네
바람이 불고 비가 올 때도
나는 저 유리창 밖 가로등 그늘의 밤을
잊지 못하지
사랑은 가도 옛날은 남는 것
여름날의 호숫가 가을의 공원
그 벤치 위에
나뭇잎은 떨어지고
나뭇잎은 흙이 되고
나뭇잎에 덮여서
우리들 사랑이 사라진다 해도
내 서늘한 가슴에 있네~

명동성당의 성모 마리아 상

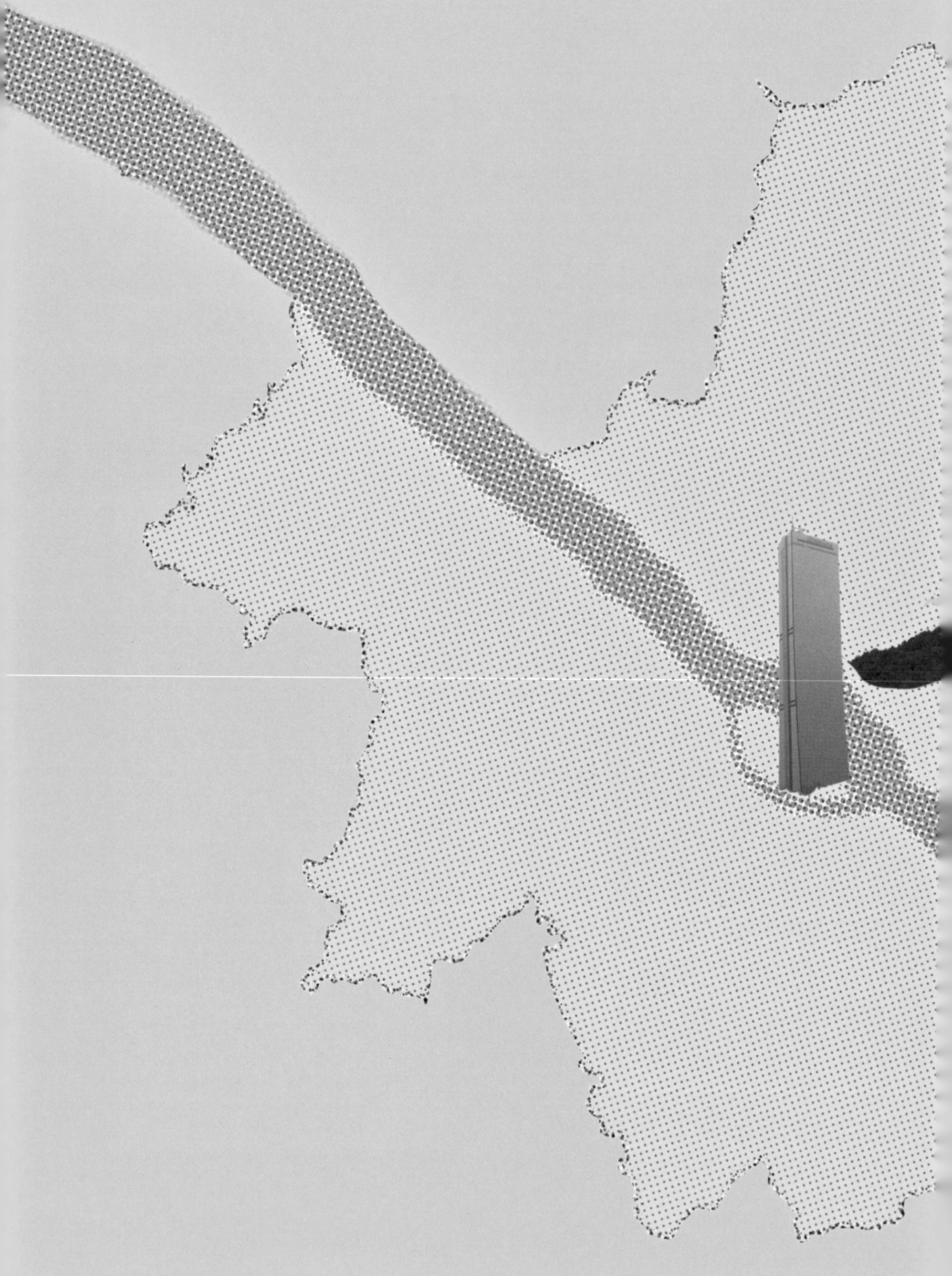

제3부

특별부록 : BTS의 관광성지가 된 해변도시

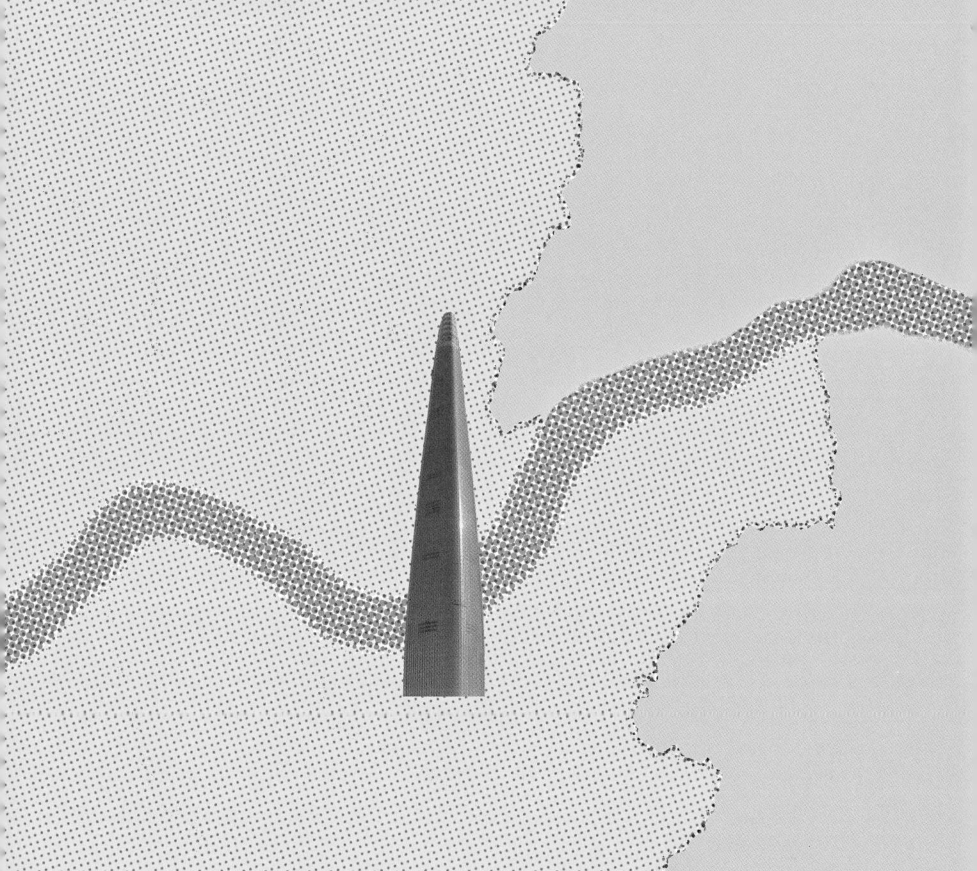

1

강릉 해변의 'BTS 버스 정류장'

전세계에 있는 BTS 아미들이라면 누구나 'BTS의 관광성지'를 방문하고 싶어할 것이다. 나 역시 'BTS의 관광성지'가 있는 강원도 동해안의 강릉으로 출발하는 날, 무척이나 가슴이 설레었다. 심지어 밤늦도록 잠을 설칠 정도였다.

동해안의 아름다운 해변도시인 강릉과 삼척에는 BTS 앨범 자켓 사진을 촬영한 명소가 두 곳이나 있다. BTS 아미로서 동해안의 BTS 성지를 꼭 가보고야 말겠다고 벼르다가 2021년 처음으로 찾아간 적이 있다. 다시 또 방문한다고 생각하니 그때의 감흥이 떠올라 자꾸 설레는 것을 어쩔 수 없었다.

아침 일찍 일어나 서둘렀다. 콩닥콩닥거리는 가슴을 가까스로 진정시키면서 지하철을 타고 서울역으로 향했다. 서울에서 '동해안 관광의 허브'인 강릉까지는 고속열차인 KTX를 타면 불과 2시간 이내에 도착한다고 했다.

강릉행 KTX에 탑승하기 위해서는, 지하철 1호선을 타고 서울역으로 가야 한다. 또 지하철 4호선을 이용해도 서울역에 갈 수 있다. 만약 지하철 2호선 잠실역에서 승차한다면, 시청역에서 지하철 1호선으로 환승한 뒤에 한 정거장만 더 가면, 서울역에 내릴 수 있다.

강릉행 KTX를 타려면 '지상의 서울역'으로 이동해야 한다. 기차역인 서울역은 지상 1층에 있고 지하철 서울역은 지하에 있기 때문에 기차역이 있는 지상으로 올라가는 것이다. 우리는 지상 1층의 서울역에서 강릉행 KTX 기차표를 구매한 다음에 열차를 탈 수 있는 플랫폼으로 다시 내려갔다.

서울역에서 출발한 KTX는 불과 두 시간도 되지 않는 짧은 시간에 우리를 강릉역으로 데려다 주었다. 강릉역에 도착한 우리들은 곧장 택시를 타고 초당 순두부 마을로 향했다. 강릉의 힐링푸드인 초당 순두부로 식사부터하고 'BTS 버스 정류장'으로 출발했다.

《YOU NEVER WALK ALONE》 앨범 재킷

정준 작가님과 나는 택시를 타고 주문진 해변의 북쪽으로 향했다. 택시 안에서 파도의 새하얀 포말이 방파제 위로 마구 흩날리는 해변을 바라보는 내 마음속에 새로운 감회가 밀물처럼 밀려왔다.

내가 가장 좋아하는 곡들 중의 하나인 〈봄날〉(Spring Day)이 수록된 《YOU NEVER WALK ALONE》 앨범 재킷에 강릉 해변의 버스 정류장이 등장한 후, 강릉시는 버스 정류장을 찾는 수많은 BTS 아미(ARMY)들을 위해 버스 정류장을 그대로 보존해 놓았다. 그래서 나도 난생처음 강릉을 알게 되었고, 2021년 강릉의 해변을 방문했다. 그리고 버스 정류장에 앉아 BTS처럼 사진도 찍었다.

그때 'BTS 버스 정류장'으로 가는 방법은 쉽지 않았다. 서울에서 강릉까지 간 다음에 강릉 버스 터미널에서 주문진 시외버스 터미널까지 가고, 그곳에서 다시 택시를 타면 10분 안에 도착할 수 있었다. 반면에 강릉 시내에서 택시를 타면 20분 남짓 걸린다는 걸 나중에 알았다.

그 당시 강릉에 대한 나의 지식이라고는 오직 주문진의 해변에 'BTS 버스 정류장'이 있다는 사실 하나뿐이었다. 그런데 불과 1년 만인 2022년 6월에 책을 쓰기 위해 다시 찾아오다니……. 정말 꿈을 꾸는 것 같다.

지금 'BTS 버스 정류장'은 어떻게 변해 있을까? BTS의 《BUTTER》

강릉 해변 버스 정류장에서 BTS (출처:인터넷)

강릉 해변 버스 정류장에서 마리나
(강원도 강릉시 주문진읍 주문북로 210)

자켓 사진을 촬영한 장소인 삼척의 드넓은 맹방해변에는, 'BTS 관광 성지'를 찾아오는 세계 각국의 한류 팬들을 위해 아주 멋있게 꾸며 놓았다고 하던데? 궁금했다. 강릉 주문진 해변의 'BTS 버스 정류장'도 더욱 멋있게 변해 있을까?

〈도깨비〉 촬영지 안내판

우리는 택시를 타고 주문진 해변으로 올라가다가 잠시 택시를 세우고, 〈도깨비〉 촬영지로 유명한 해변의 작은 방파제를 살펴보았다. 강릉의 해변에 '한류 관광객들이 좋아하는 유명한 관광지'가 벌써 두 곳이나 생겼다.

우리는 다시 택시를 타고 해안을 따라 북쪽으로 더 올라가기 시작했다. 바로 앞쪽에 우리 BTS 아미들의 마음을 설레게 하던 'BTS 버스 정류장'이 보이기 시작하는 게 아닌가?

그 순간, 벌써 내 가슴이 세차게 콩닥거리기 시작한다. 나는 2021년에 홀로 이곳을 용감하게 찾아왔던 기억을 다시 떠올리며, 'BTS 버스 정류장'을 향해 마구 달려갔다.

내가 한국에 온 후인 2020년 8월에 〈Dynamite〉 곡이 발매되었다. 그래서 그 곡은 나에게 "Welcome to South Korea" 곡이 되었다. 신곡 〈Dynamite〉는 레트로 팝(디스코 팝) 장르의 곡으로, 코로나19 팬데믹으로 인해 많은 어려움을 겪고 있는 시기에 전세계의 수많은 사람들에게 활력을 불어넣고자 하는 간절한 마음으로 완성한 곡으로 알려져 있다.

2022년 다시 BTS 버스 정류장에서

또 이 곡은 방탄소년단의 첫 번째 영어 곡이었다.

I'm in the stars tonight

So watch me bring the fire and set the night alight

Shining through the city with a little funk and soul

So I'ma light it up like dynamite, whoa..

이 곡은 발매하자마자, 국내와 해외 차트의 정상을 휩쓸며 K-POP 최초로 빌보드 Hot 100 차트 1위를 달성한 곡이다. 또한 가온과 멜론 월간 차트 최초로 3개월 동안 1위를 달성하면서 방탄소년단의 대표적인 히트곡이 되었다. 그리고 제63회 그래미 어워드 Best Pop Duo/Group Performance 부문에 노미네이트되었다.

이것은 한국인 아티스트 최초로 팝 장르에 노미네이션된 자랑스런 곡이다. 이 곡은 방탄소년단의 디스코 팝(Disco Pop) 장르의 곡이며, 대한민국의 대중음악 역사에 영원히 남을 히트곡 중 하나가 되었다.

〈Dynamite〉

그때 나는 코로나19 팬데믹 시대를 힘겹게 보내면서 모든 수업을 온라인으로 진행해야 했고, 또 기숙사에서 많은 시간을 보내야 했다.

2020년 11월에 방탄소년단이 전하는 위로의 앨범인 《BE》(Deluxe Edition)가 발매되었다. 그래서 나는 《BE》 앨범을 자주 들으면서, 코로나19 팬데믹 시대에 많은 위로를 받을 수 있었다.

〈Life Goes On〉은 방탄소년단의 스페셜 앨범인 《BE》의 타이틀 곡이다.

멈춰 있지만 어둠에 숨지 마
빛은 또 떠오르니깐

끝이 보이지 않아
출구가 있긴 할까
발이 떼지질 않아 않아

Oh

잠시 두 눈을 감아
여기 내 손을 잡아
저 미래로 달아나자.
Like an echo in the forest
하루가 돌아오겠지
아무 일도 없단 듯이

Yeah, life goes on.

'BTS 버스 정류장' 답사를 끝낸 우리는 강릉역에서 삼척해수욕장으로 가는 '바다열차'에 승차했다.

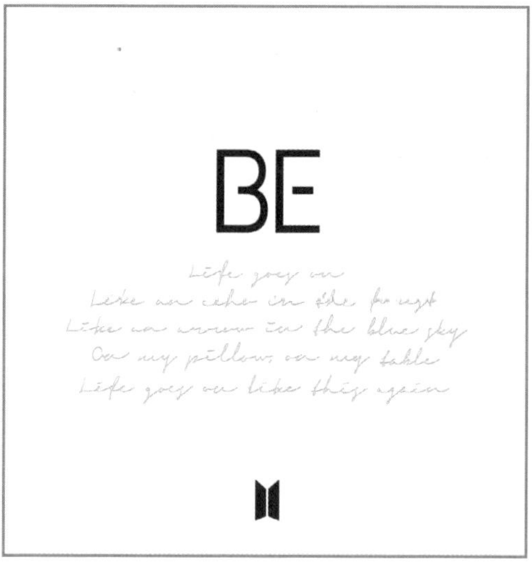

《BE》

2

BTS의 두 번째 성지,
삼척 맹방해수욕장

우리를 태운 바다열차는 강릉역에서 출발해서 정동진역과 동해시의 추암역을 거쳐, 삼척해수욕장이 있는 삼척해변역까지 가는 동해안 관광열차였다.

바다열차는 모든 좌석이 동해안을 바라볼 수 있도록 바다 방향으로 배치되어 있기 때문에 강릉역에서 종착역인 삼척해변역까지 가면서 동해안의 아름다움을 조망하기에 무척 좋았다.

삼척해변역에 내린 우리는 택시를 타고, 'BTS 관광성지'가 있는 맹방해수욕장으로 곧장 향했다. 삼척의 맹방해수욕장에 'BTS 관광성지'가 조성된 것은 〈BUTTER〉의 앨범 재킷에 이곳 사진이 등장하기 때

맹방해수욕장 입구에서

문이다. 2021년에 미국 빌보드 차트에서 이 노래가 1위를 차지하면서 이 해수욕장도 덩달아 유명해졌다.

2021년 여름. 방탄소년단은 새 싱글 CD《Butter》를 내놓았다. 이어서 〈Butter〉의 신나고 매력적인 서머송 (Summer Song)과 심장을 뛰게 하는 〈Permission to Dance〉을 수록한 디지털 CD를 내놓으며 다시 돌아온 거다.

Butter

Smooth like (Butter)
Cool shade(Stunner)

And you know we don't stop
Hot like(Summer)

《Butter》

Ain't no(Bummer)

You be like,oh my God
We gon' make you rock, and you say(Year)
We gon' make you bounce, and you say(Year)

Hotter
Sweeter
Cooler
Butter
Get it,let it roll

이 노래는 발표와 동시에 전세계에서 뜨거운 반응이 쏟아졌다. 버터처럼 부드럽게 너에게 녹아들어 사로잡겠다는 능청스럽고도 귀여

《Permission to Dance》

운 가사가 귀를 홀릴 정도로 매력적이다. 여기에 활력 넘치는 멜로디와 매혹적인 퍼포먼스까지 더해져 저도 모르게 어깨를 들썩들썩하게 한다. 이 노래와 함께 발표한 〈Permission to Dance〉는 누구나 쉽게 즐길 수 있는 댄스 팝이다. 현실의 벽에 부닥치고 고단한 하루를 보낸 모든 사람들에게, '춤은 마음 가는 대로, 허락 없이 마음껏 춰도 된다' 라는 메시지를 전한다.

…I wanna dance
The music's got me going
Ain't nothing that can stop how we move, year
Let's break our plans
And live just like we golden
And roll in like we're dancing fools
We don't need to worry

BTS 앨범 촬영지인 맹방해수욕장

'Cause when we fall,we know how to land

Don't need to talk the talk

Just walk the walk tonight

'Cause we don't need Permission to Dance.

드디어 2022년 6월.

BTS의 출범 9년을 기념하는 새 앨범 《Proof》가 나왔다.

나는 설레는 마음으로 많은 기대를 했다.

만약에 BTS가 나의 인생에서 없었더라면, 지금쯤 나는 어디에 있을까? 과연 여기까지 올 수 있었을까? 만약 BTS로부터 받은 영감과 용기와 열정이 없었더라면, 나는 평생 한국을 전혀 모르고 살았을 것이고, 한국에 온 적도 없었을 텐데……. 그럼 우크라이나에 있었을까?

그때는 우크라이나에서 또다시 전쟁이 일어날 거라고는 상상조차 하지 못했다. 만약 내가 '무소의 뿔'처럼 용기를 내어 한국에 오지 않

BTS 앨범 촬영지인 맹방해수욕장

고, 우크라이나에서 계속 살았다면…… 과연 나는 어떻게 되었을까? BTS가 부른 노래 〈봄날〉처럼 아름다웠던 나의 꿈은 저 푸른 파도 위의 새하얀 포말처럼 허공으로 사라지지 않았을까? 그렇다면 내가 방탄소년단을 14살 소녀시절에 처음 안 것이 정말 마법 같은 인연이 아닐까?

BTS 여러분!

내가 아직 세상에 대해 아무것도 모르던 철부지 소녀였던 사춘기 시절부터 지난 10년 동안 BTS 여러분과 함께 이 길을 걸을 수 있는 행운을 주셔서 진심으로 감사합니다. 그리고 BTS 여러분들이 나와 같은 시기에 태어나 주셔서 정말 감사합니다.

전세계 197개 국가에서 살고 있는 수많은 BTS 아미들의 인생에 긍정적이고 중요한 영향을 끼치고 있는 BTS 여러분들을 키우고 성장시킨 한국인들에게도, 감사의 말씀을 드리고 싶습니다.

또 세계 각국의 BTS 아미들과 한류 팬들이 꼭 방문하고 싶은 동해

멋진 바다열차

안의 관광성지인 'BTS 버스 정류장'과 'BTS 버터 앨범 촬영지'를 잘 꾸며 주신 강릉시와 삼척시의 시민 여러분들에게도, 진심어린 감사의 인사를 드리고 싶습니다.

며칠 후, 우리가 강릉과 삼척에서 모든 답사와 취재를 끝내고 서울에 도착했을 때, 각종 언론과 방송에서 'BTS가 앞으로 팀 활동을 중단하고 개인적으로 활동할 예정이다'라는 소식을 톱뉴스로 보도하고 있었다.

'21세기의 비틀즈'

'세계인의 마음을 저격한 K-POP의 심장'

'BTS 아미들의 아이돌'

한국에서 배출한 세계적인 보이 그룹인 BTS에 대한 수많은 기사를 쏟아내던 모든 미디어들이 BTS의 팀 해체 소식에 경악하고 있었다. 그리고 BTS 아미인 나에게 많은 사람들이 이런 질문을 던졌다.

"BTS가 앞으로 팀으로 활동하지 않는다고 하는데, 어떻게 해요?"

"많이 서운하고 실망스럽지 않아요?"

"앞으로도 BTS 아미 활동을 계속할 거예요?"

나에게 그러한 질문을 던지는 사람들은 오히려 BTS의 진가를 모르는 사람들이 아닐까?

1962년에 데뷔해서 전세계인들을 사로잡았던 영국의 록밴드인 비틀즈는 1970년에 해체되었다. 그때 전세계의 비틀즈 팬들에게서 비틀즈를 좋아하는 마음이 사라졌을까? 비틀즈는 비록 8년 정도의 짧은 록밴드 활동을 하고 해체되었지만, 그들이 만든 음악과 문화는 전 세계의 수많은 젊은이들에게 엄청난 영향을 지속적으로 끼쳤다.

기성세대들이 만든 구질서(앙시앙 레짐)에 반항하는 젊은 이단아들이었던 비틀즈는 젊은이들의 우상이었다. 냉혹한 동서냉전시대의 동유럽 공산권 젊은이들에겐 자유를 갈구하는 영혼의 상징이었고, 또 서구권에서는 히피문화에 광범위한 영향을 끼쳤다.

비틀즈는 해체된 지 수십 년이 지난 지금까지도 변함없는 사랑을 받고 있다. 2000년대에 가장 많이 판매된 앨범도 비틀즈의 앨범이었고, 수많은 뮤지션들이 비틀즈로부터 많은 음악적인 영감을 얻었다.

우리 BTS 아미들에게도 BTS는 단순한 보이 그룹이 아니다.

BTS는 그 누구도 진지하게 들어주려고 하지 않는, 그래서 더욱 외로웠던 우리의 가슴속 이야기들을 마음껏 공감하고 공유할 수 있는 미지의 나라에서 온 멋진 친구들이었다.

비록 BTS와 우리 아미들은 전세계 197개 국가에서 서로 떨어져 있지만, 우리들의 마음은 서로 긴밀하게 연결되어 있는 소울메이트들이다. 우리는 서로를 마음속으로 격려하고 위로하고 용기를 주면서 함께 성장해 왔다.

불과 14세의 어린 소녀 시절에 BTS와 처음 만난 나 역시 BTS의 노래를 들으면서 더욱 성숙한 사람으로 발전하기 시작했다. 특히 2020년은 한국으로 유학을 온 나는 물론이고, BTS에게도 무척이나 특별한 해였다. 2020년은 BTS가 2013년에 최초로 음반을 발매한 지 7년이 되는 해였다. 그 해에 새 노래 〈다이너마이트〉(Dynamite)를 발표했다.

이제 20대의 늠름한 청년으로 성장한 그들은 지난 7년 동안 얼마나 고된 시간을 보내야 했을까? 인생 최고의 봄날인 10대 후반~20대 초반의 시기에 그들은 함께 합숙하면서 끊임없는 노래 연습과 댄스 연습으로 자신을 불태웠을 거다. 그들은 매일매일 좀 더 새로운 모습을 보여주기 위해 쉬지 않고 자신의 몸과 마음을 채찍질했을 것이다.

K-POP의 변방에서 힘겹게 탄생한 '흙수저 아이돌'이었던 BTS는, 2020년에 신곡 〈다이너마이트〉로 밤하늘의 별처럼 아득하게만 느껴졌던 '빌보드 차트 1위'에 당당하게 올라섰다.

가수 싸이가 뮤직 비디오 〈강남 스타일〉로 달성했던 '빌보드 차트 2위'의 높고 높은 한계를 한국 가수 최초로 훌쩍 뛰어넘은 거다.

코로나19 팬데믹으로 인해 우울하고 지친 날들을 보내던 전세계의 젊은이들은 신나는 디스코풍의 경쾌하고 흥겨운 영어 노래인 〈다이너마이트〉로 인해 삶의 새로운 여정을 위한 뜨거운 용기를 다시 낼 수 있었다.

그때 나는 한국에 도착해서 타국에서의 낯선 생활을 시작하고 있었다. 한국어 수업도 시작되었고, 여러 가지 어려운 상황이 있었지만, 〈다이너마이트〉를 들으면서 잘 극복할 수 있었다.

기적은 계속 이어졌다.

두 달 후, BTS는 노래 〈삶은 계속된다〉(Life Coes On)를 발표했는데, 이 곡은 한국어로 된 가사였다. 그런데 영어 문화권인 미국에서 한국어 가사로 된 이 노래가 또다시 '빌보드 챠트 1위'를 석권한 거였다.

2019년 겨울에 코로나19 바이러스가 발생한 이후 2020년까지 전세계를 공포로 몰아넣은 코로나19 팬데믹으로 인해 수많은 사람들이 절망하고 지쳐 있을 때였다. 오히려 BTS는 특유의 발랄한 생기와 만만한 패기와 진지함으로 우리들의 슬픈 마음을 위로하고 힘빠진 어깨를 따뜻이 감싸주었다. 삶의 수많은 역경과 고통을 이겨낼 수 있는 용기와 희망을 제시하는 노래의 놀라운 치유능력을 보여주었다.

사실 전세계 음악의 역사에서 BTS가 이룬 음악적 성과는 눈이 부실 정도다. 2020년부터 BTS는 K-POP 역사상 최초의 독보적인 신화를 만들기 시작했다. BTS의 음반들은 빌보드에서 1위를 5차례나 했고, 노래들도 빌보드에서 싱글 1위를 6차례나 달성했다.

미국 대중음악 분야의 3대 시상식에서도 불후의 금자탑을 쌓았다.

먼저 '빌보드 뮤직어워드'에서 2017년에 '톱 소셜 아티스트'(Top Social Artist) 부문의 수상을 시작으로, 2021년에 4관왕, 2022년에 3관왕을 했다. 이것은 무려 6년 연속 수상한 대기록이다.

그뿐 아니라 '어메리칸 뮤직 어워드'에서도 2018년에 '페이버리트 소셜 아티스트'(Favorite Social Artist) 부문 수상을 시작으로 2019년에 3관왕, 2020년에 2관왕, 2021년에 4관왕을 연속해서 달성하는 업적을 세웠다.

BTS는 한국의 아이돌 역사상 최초로 2018년과 2020년과 2021년에 UN무대에서 전세계인들을 대상으로 세 차례나 감동적인 연설을 했다. 그리고 2020년 봄에는 미국 바이든 대통령의 특별초청을 받아 백악관(White House)에서, 또다시 전세계인들에게 감동적인 메시지를 들려주었다.

나는 한국인들이 가장 존경하는 국가 원로 중 한 분인 백범 김구 선생님의 저서인『백범일지』의「나의 소원」을 읽고는 깜짝 놀랐다.

> 나는 우리나라가 세계에서 가장 아름다운 나라가 되기를 원한다.
>
> (중략)
>
> 나는 우리나라가 (중략) 높고 새로운 문화의 근원이 되고, 목표가 되고, 모범이 되기를 원한다
>
> 오직 한없이 가지고 싶은 것은 높은 문화의 힘이다

나는 이 글을 읽고 정말 감동했다.

백범 김구 선생님은 한반도를 식민 통치한 일본 군대와 싸우는 '한국 임시 정부'의 최고 수반이었다. 그런데도 불구하고 그분이 바라는

미래의 한국은 강대국들처럼 무력이 강한 나라가 아니고, "오직 한없이 가지고 싶은 것은 높은 문화의 힘이다'라고 말씀하셨다.

나는 이 글을 읽고 나서, BTS라는 전무후무한 아이돌 그룹이 왜 한국에서 탄생했는지에 대한 해답을 찾을 수 있었다. 만약 백범 김구 선생님께서 지금 살아계신다면, 본인의 선견지명이 옳았다는 사실을 아시고는 얼마나 기뻐했을까?

BTS가 현대 음악의 역사에서 쌓아올린 업적과 명성은 이미 비틀즈를 능가한다고 생각한다.

BTS는 2021년에 발표한 노래 〈버터〉(BUTTER)와 〈마이 유니버스〉(My Universe)와 〈퍼미션 투 댄스〉(Permission To Dance)는 빌보드 싱글 1위를 했고, 2021년 11월에는 '어메리칸 뮤직 어워드'에서 아시아인 최초로 대상인 '올해의 아티스트'를 수상했다.

그리고 BTS 출범 9주년 기념으로 2022년 초여름에 발표한 앨범 〈프루프〉(Proof)도 미국 빌보드의 메인 앨범 차트인 '빌보드 200'에서 정

앨범 《프루프》(Proof) (출처:인터넷)

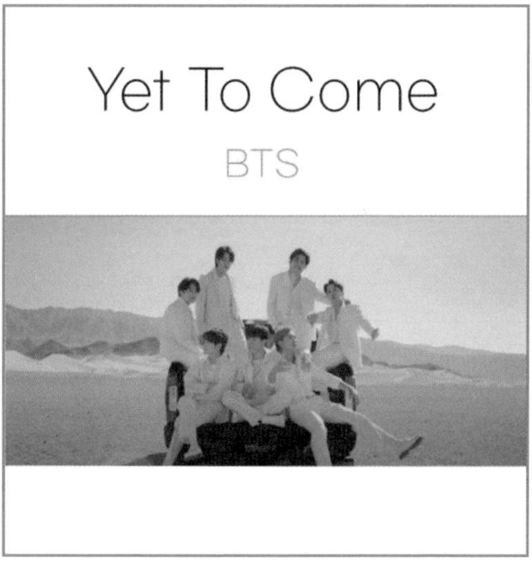

타이틀 곡 〈Yet To Come〉 (출처:인터넷)

상을 차지했는데, 이로서 BTS는 데뷔한 지 9년 만에 모두 6장의 앨범을 '빌보드 앨범 차트 1위'에 올리는 대위업을 달성했다.

또한 그 앨범의 타이틀 곡인 〈Yet To Come〉(The Most Beautiful MOMENT)도 아주 좋은 반응을 얻었다.

BTS 맴버들이 눈물을 흘리면서 "앞으로는 팀 활동을 중단하고 각각 개인으로 활동하겠다"는 인터뷰를 발표한 이후, 저에게 많은 사람들이 질문을 던졌다.

"마리나! 이제 어떡해요?"

"BTS 아미도 활동을 그만두는 거예요?"

난 그분들에게 당당하게 말했다.

"한국에는 '한 번 해병이면, 영원한 해병'이라는 말이 있죠? 우리 아미들도 그래요! 우리들도 '한 번 BTS 아미이면, 영원한 BTS 아미'예요!"

2022년 10월 15일, 토요일.

한국 제2의 도시이자 항구 도시 부산은 보랏빛으로 완전히 물들었다. 국내외에서 달려온 10만 명의 BTS 아미들이 며칠 전부터 부산 곳곳을 누비고 다녔고, 부산에서 1일 숙박비가 4백만 원으로 급등하기도 했다.

부산에서 열린 BTS의 완전체 공연. BTS 맴버들이 군대에 입대하기 전에 볼 수 있는 마지막 콘서트를 보기 위해, 'BTS 메인 콘서트'가 열리는 부산의 아시아드 주 경기장엔 5만 2천 명의 팬들이 몰려들었다. 그리고 공연장에 입장하지 못한 수많은 팬들은 초대형 화면이 설치된 부산항과 해운대로 몰려갔다.

2030년 세계 엑스포 부산 유치를 기원하기 위해 부산에서 개최한

BTS 공연을 보러 부산에 간 마리나

무료 공연인 이번 콘서트는, '흙수저 아이돌'이었던 초기 시절의 피땀과 눈물의 역사를 보여주는 노래인 〈마이크 드롭〉(MIC Drop)과 〈달려라 방탄〉과 〈런〉(RUN)으로 지난 9년 동안의 서막을 장엄하게 열었다

9년 전, 10대 후반에서 20대 초반의 앳띤 청소년이었던 그들은 SM · YG · JYP 같은 대형기획사 소속도 아니었고, 그들에겐 빅스타로 활동하는 선배나 멘토도 없었다. 오직 열정과 꿈 하나만 들고 험난한 가요계에 뛰어든 무모한 보이 그룹이었다.

그래서 그들과 함께 성장했던 전세계에서 온 아미들은 BTS의 멋진 노래와 하늘 높이 터지는 화려한 폭죽과 시시각각 다른 칼라로 변하는 아미밤(BTS 응원봉)에 맞춰 함께 떼창을 하고, 함께 댄스를 추며, 아미들의 축제를 마음껏 즐겼다.

90분 가량 이어진 BTS 콘서트의 마지막은, 노래 〈영 포에버〉(Young Forever)와 〈포 유스〉(For Youth)였다.

For Youth

If I never met you
Oh 난 어떤 모습일까 baby
Every time I miss you (miss you)
습관이 돼버린 그 말 (It's so true)
You're my best friend
For the rest of my life
I wish I could turn back time, ooh
모든 게 쉽던 그때 (그때)
더 많이 해줄 걸 그 말 (그 말)
I'll be with you

For the rest of my life, ooh, ooh, yeah

Rest of my life

역시 BTS와 아미들이 세상에서 가장 좋은 친구들이라는 사실을 깨닫게 되었다. 그리고 앙코르 곡은 내가 가장 좋아하는 〈봄날〉이었다.

무대로 나온 그들은 앨범의 재킷에 나온 버스 정류장에 함께 앉아 노래를 부르기 시작했고, 서정적인 멜로디와 아름다운 노랫말 때문에 '봄의 캐럴'로 불리는 이 곡은 부산의 아미들의 가슴을 매혹적인 봄의 향기로 물들게 했다.

역시 아포방포(ARMY forever. BTS forever!)였다.

| 에필로그 |

저는 일본에 있는 K-POP 기획사 소속 작가로 활동하고 있습니다. 현재 오사카와 서울을 오가면서 시 · 소설 · 여행 서적 · 칼럼 등의 다양한 글을 쓰고 있습니다.

제 소속사 사무실이 오사카의 코리아타운이 있는 이쿠노구(生野區)에 위치하고 있기 때문에, 일본에 불고 있는 한류의 도도한 물결을 현장에서 생생하게 목격하고 있습니다.

제가 도쿄에 업무 때문에 출장을 갔던 어느 날입니다.

코리아타운이 있는 신오쿠보 역에서 일본 TV리포터가 일본인 여학생들과 인터뷰하는 모습을 목격하고는 몹시 충격을 받았습니다. 여성 리포터의 질문을 받은 일본인 여고생은 이런 대답을 했습니다.

"저는 나중에 한국인과 결혼하고 싶어요!"

저는 그 여고생의 인터뷰를 들으면서는 별로 놀라지 않았습니다. 둘째아들과 결혼한 일본인 며느리도, 저에게 그 여고생과 똑같은 말을 했던 기억이 있기 때문입니다.

제가 깜짝 놀란 것은 그 옆에 서 있던 다른 여중생 때문이었습니다.

"저는 다음 생애에 꼭 한국인으로 태어나고 싶어요!"

그 여중생의 말은, 저에게 너무도 큰 놀라움이었습니다. 아니, 한류의 영향력이 이 정도로 강렬하단 말인가?

제가 2020년 서울에서 있었던 일을 말씀드리겠습니다.

저는 일본에서 불고 있는 한류 열풍에 관심이 높은 대학 교수들의 모임에 초대되어 갔었는데, 그곳에 모인 분들로부터 정말 우려스러운 이야기를 듣게 되었습니다.

그것은 '만약 한류를 좋아해서 한국으로 유학 온 외국인 대학생들이 없다면, 지방에 있는 수많은 대학들이 폐교를 심각하게 고민해야 할 지경이라는 것'입니다.

그 당시 저는 남한산성 아래에 있는 마을에 살면서 한국인 MZ세대와 외국인 MZ세대들과 함께 다양한 문화 콘텐츠를 제작하는 일에 몰두하고 있었습니다. 일본에서 진행하던 '한일 문화교류 프로그램'을 코로나19로 인해 전부 중단하고, 실망스러운 마음으로 다시 돌아왔을 때입니다.

그 당시 저는 미국 양키스의 유명한 야구 감독이었던 요기베라가 말한 야구의 명언인 '끝날 때까지 끝난 게 아니다'를 머릿속에 떠올렸습니다. 문득 푸시킨의 시 「삶이 그대를 속일지라도」가 마음속에 선명하게 떠올랐기 때문입니다.

저는 6 · 25전쟁이 휴전된 후, 온통 폐허로 변한 한국에서 태어난 베이비 붐 세대(1955~1964년 사이에 출생한 7백만여 명)들 중 한 사람입니다. 우리는 10대~20대 시절에 정말 어려운 시기를 보냈습니다. 좌절도 많았습니다. 그럴 때마다 저는 푸시킨의 시를 떠올리며 마음을 다졌습니다. 제게는 뜨거운 용기와 투혼을 불어넣어 주었던 시입니다.

그 시가 왜 다시 떠올랐을까요? 코로나19로 엉망이 되어 버린 저에게 새로운 영감이 필요했던 것입니다. 그리고 코로나19로 힘겨워하는 사람들, 특히 청년들에게 작은 위안이라도 주고 싶었습니다.

그래서 제 뜻에 공감하는 MZ세대들이 모여 새로운 문화 콘텐츠를 만들게 된 것입니다. 우리는 알렉산드르 세르게예비치 푸시킨(1799~1837)의 시 「삶이 그대를 속일지라도」에 담긴 사연을 자작 랩과 함께 동영상으로 만들어 유튜브에 올렸습니다.

유튜브(정준 작가, juno jung)

저는 2015년과 2016년 2년 동안 열심히 작사해서 노래를 만든 적이 있습니다. 그 노래를 가수 진해성 · 정해진 · 김연숙 · 나연 · 류원정 · 박상원 · 솔 크라이(Soul Cry) · 목비 · 지헤라(Z. Hera)가 불렀지요. 수십 곡이나 되는 그 노래들을 지금은 뮤직비디오로 편집해서 유튜브에 올렸습니다. 그 작업을 그때 젊은 다국적 MZ들과 함께 남한산성의 비좁고 어두운 골방 속에 틀어 박혀 묵묵히 진행하고 있었습니다.

그런데 갑자기 놀라운 변화가 생기기 시작했습니다. 제가 유튜브에 올린 푸시킨 시의 동영상을 본 러시아 유학생들로부터 많은 연락을 받게 된 것입니다.

그 일이 인연이 되어 러시아에서 온 젊은 MZ세대들과 만나게 되었고, 결국 저는 푸시킨의 시를 러시아어로 암송하게 되었습니다. 이 일에서 보람을 느낀 저는 푸시킨의 시를 5개 국어인 한국어 · 일본어 · 중국어 · 영어 · 러시아어로 낭송하는 도전을 하였습니다. 푸시킨의 시

유튜브(정준 작가, juno jung)

를 5개 국어로 낭송하는 영상을 제작해서 유튜브에 올린 것입니다.

그런데 이처럼 맹렬하게 푸시킨의 시와 그의 삶을 알리고 있는데 그만 러시아 군대가 우크라이나를 침공하는 충격적인 사건이 일어났습니다.

2022년 2월 24일. 저는 너무나 큰 충격을 받았고, 제 일을 열심히 돕던 러시아의 젊은이들도 몹시 안타까워했습니다. 특히 우리 한국은 참혹한 전쟁을 겪은 나라가 아닙니까? 6·25전쟁으로 인해 무려 천만 명이 넘는 이산가족이 발생했고, 지금도 전쟁으로 인한 많은 후유증을 겪고 있습니다.

결국 저는 제 인생에서 마지막 보람있는 일로 여겼던, 러시아 국민 시인인 푸시킨의 시와 그의 삶을 널리 알리는 일을 눈물을 머금고 중단해야만 했습니다.

저는 몹시 우울했습니다. '2020 도쿄 올림픽을 축하하는 노래'를 작사했을 때는 악화된 한일관계 때문에 큰 지장을 받았고, 또 '2022 베이징 동계올림픽을 축하하는 노래'를 작사했을 때는 악화된 한중 관계 때문에 큰 지장을 받았습니다. 게다가 두 음반을 제작하고 나서 코로나19 팬데믹 때문에 일본에서 제대로 된 노래 홍보도 하기 힘들었습니다. 이번에는 러시아가 전쟁을 일으켜 일을 망치고 말았습니다.

저는 마치 멘붕이 온 사람처럼 한동안 멍한 상태로 있을 수밖에 없었습니다. 저는 왜 이다지도 운이 없는 사람인지……. 그러나 다시 용기를 내기로 했습니다.

이번에는 러시아의 침공으로 고통받고 있는 사람들을 돕기 위해 '우크라이나의 평화를 기원하는 동영상'을 제작하기로 결심한 것입니다.

며칠 후, 저는 다양한 국적을 가진 저의 스텝들을 한 명씩 심층 인터뷰를 하기 시작했습니다. 그들의 나이는 대부분이 Z세대인 20대였고, 국적은 미국 · 프랑스 · 터키 · 러시아 · 일본 · 중국 등 매우 다양했습니다.

그들은 '중학생이나 고등학생 시절에 K-POP을 통해 한국을 처음 알게 되었고, 청소년기의 그 작은 인연이 결국 한국으로 유학을 오게 하는 커다란 동력이 되었다'고 했습니다. 그리고 '유학으로 끝나는 것이 아니라, 직장을 얻어서 한국에서 계속 일을 하거나 혹은 한국과 관련된 일을 정말 열심히 해보고 싶고, 또 한국에서 결혼도 하고 싶다'고 말했습니다.

그때 저는 가장 열성적인 한류 팬인 BTS 아미들이 전세계 197개 국가에 퍼져 있다는 사실을 알고는 무척 놀랐습니다. 현재 UN 가입국이 193개 국가이고, 한국과 수교를 맺은 나라가 191개 국가입니다. 게다가 한국 정부에서 공식 집계한 전세계 한류 팬들이 무려 1억 5천만 명이나 되고, 날이 갈수록 그 숫자는 점점 더 급증하고 있는 추세입니다.

그렇다면 자발적으로 한국을 찾아오는 이러한 한류 팬들을 한국인들이 더욱 폭넓게 품어주고, 또 이들이 한국에서 직장을 구하고 결혼을 해서 정착할 수 있도록 잘 도와주어야 하지 않을까? 이들이 2025년부터 '초고령국가'(65세 이상의 노인들이 전인구의 20% 이상)로 전락하는 대한민국의 발전에 새로운 모멘텀(Momentum)을 만들 청년의 동력이 될 수 있지 않을까 하는 생각을 했습니다.

게다가 한국이 좋아서, 한국에서 공부하고 싶어서, 스스로 비행기를 타고 오는 한류 대학생들은 기본적으로 2~3개 국어를 구사하고, 컴퓨터와 인터넷과 스마트폰에 능숙한 글로벌 인재들입니다.

이렇게 한국을 사랑하고 한국에 정착하기를 원하는 열성적인 한류 팬들 중에 우크라이나에서 온 대학원생인 마리나(Maryna)도 있었습니다.

마리나는 푸틴이 크림반도를 침공했던 2014년에 중학생이었고, 이미 2013년부터 BTS 아미 생활을 시작했습니다. 그녀는 대학생 시절까지 10년 동안 BTS 아미 활동을 열심히 하면서, BTS로부터 선한 영향력을 많이 받았습니다.

그녀의 고향은 러시아와 접경지역인 돈바스의 인근 도시였기 때문에 중학생 시절부터 지축을 울리는 커다란 포성을 들으며 전쟁의 공포와 미래의 삶에 대해 많은 불안을 느껴야 했을 겁니다. 그러나 BTS의 노래를 들으면서 자신의 인생에 대한 많은 영감과 삶의 강인한 의지와 뜨거운 열정을 느끼고, 또 배웠습니다.

역경 속에서도 끊임없이 노력한 결과 우크라이나의 수도인 키이우(Kyiv)의 의학대학에서 장학금을 받으며 공부하는 모범적인 의학도가 되었습니다.

그러던 그녀가 20세가 되던 2019년에 홀로 서울을 방문했습니다.

그 당시 한국어를 잘 구사할 수 없었지만, BTS의 모국인 한국에 대한 강렬한 호기심이 자신을 서울로 오게 만들었다고 합니다. 1주일이란 짧은 시간을 서울에서 꿈결처럼 보내고 나서 한국에서의 새로운 삶에 대해 진지하게 생각하기 시작했습니다.

결국 그녀는 '꼭 한국으로 유학을 오겠다'고 굳게 결심했습니다. 그리고 열심히 노력한 그녀는 한국 유학 장학금 프로그램인 KGSP에 합격했습니다. 그 장학금 프로그램은 우크라이나 전 지역에서 1명~2명만 선발할 정도로 경쟁률이 몹시 치열한 한국 유학 장학금 프로그램이었습니다.

2020년, 무남독녀인 마리나는 부모님의 강렬한 반대를 무릅쓰고, 용감하게 한국행 비행기에 몸을 실었습니다. 저는 그녀를 통해 한국의 젊은 보이 그룹인 BTS가 전세계의 청년들에게 얼마나 중요한 '한국의 문화대사'인가를 절감했습니다.

BTS와 K-팝과 K-드라마를 통해 한국을 알게 되고, K-푸드와 K-뷰티와 K-패션에 관심을 갖고, 자발적으로 한국어를 배우고, 또 한국에서 공부를 하기 위해 한국행 비행기를 타는, 전세계 197개 국가에서 활동하는 BTS 아미들이, 한국의 미래를 위해 대단히 소중한 자산이라는 사실을 직시하게 되었습니다.

이미 인구가 시나브로 줄어가고 있는 대한민국이 '자발적으로 한국에서 취업과 결혼을 하려고 하는 글로벌 인재'들을 따뜻하게 품는 것은 저출산 고령화로 인해 급속히 늙어가는 한국사회를 재도약시키는 멋진 디딤돌이 될 것이기 때문입니다.

어느 날, 마리나는 저에게 '한국인들은 정말 대단하다'고 격찬을 했습니다. 그 이유를 물었더니, 세계적인 아이돌 그룹의 성공신화를 쓰고 있는 BTS, 2020년 제92회 아카데미에서 4개 부문이나 상을 받은 영화 〈기생충〉과 2021년에 제93회 아카데미에서 여우주연상을 받은 영화 〈미나리〉, 제74회 에미상에서 6관왕이 된 〈오징어게임〉 등 한국인들의 문화적인 성취와 업적에 대해 열거하는 것이었습니다.

그녀의 이야기를 들으며 저는 한류를 사랑하는 팬이 되어 한국으로 유학 오는 전세계의 많은 젊은이들에게 꼭 들려주고 싶은 이야기를 생각했습니다. 한류의 성취 속에 들어 있는 불퇴전의 용기와 뜨거운 열정의 스토리 말입니다.

전세계에서 가장 빈곤한 국가 중 하나였던 대한민국이 후진국에서 개발도상국을 거쳐 선진국을 향해 숨가쁘게 달려오기까지의 피 · 땀 · 눈물이 배인 도전과 투혼의 역사와 문화. 그 속에 담긴 한국인의 혼(spirit)에 대해 세계 각국에서 온 글로벌 청년들에게 들려 주고 싶었습니다.

그때 저는 상상조차 하지 못했습니다.

우크라이나에서 온 마리나와 함께 한국을 알리는 여행책을 집필하게 될 줄은 말입니다.

우리는 맛집이나 근사한 카페를 소개하는 단순한 서울 여행 가이드북이 아니라 우리들의 따뜻한 마음과 정성을 담은 '한국 문화 에세이'로 쓰기로 약속했습니다. 2022년 3월 초부터 10월 말까지 지난 8개월 동안 국내외 한류 팬들에게 꼭 알려주고 싶은 서울의 구석구석을 지하철과 도보로 답사하였고, 또 BTS 관광성지인 강릉과 삼척의 해변을 KTX와 바다열차로 함께 이동하면서 많은 이야기를 나누었습니다.

이 책은 그러한 마음을 담은 첫 번째 책입니다.

특히 우리 모두는 지난 3년 동안 코로나19 팬데믹이라는 거대한 재앙의 쓰나미를 함께 겪으면서, 우리의 인생에서 진실로 중요한 것이 무엇인지를 다시 한 번 성찰하는 깊은 침묵의 시간을 가져야 했습니다. 또한 지구촌의 비극이 된 우크라이나 전쟁과 이스라엘 가자지구 전쟁으로 인해 평화의 소중함에 대해 더욱 간절한 마음을 갖게 되었습니다.

결코 길지 않은 우리의 인생에서, 살아있음의 기쁨과 환희를 한 권의 책을 통해 함께 나누고 깊은 연대감을 느낄 수 있어서 다행이었습니다. 소중한 저술 활동을 함께 하면서 뜨거운 땀방울을 아낌없이 흘리며 많은 격려와 응원을 해준 마리나에게 진심어린 우정과 따뜻한 사랑을 전합니다.

그리고 변함없이 깊은 신뢰를 보여주신 도서출판 청동거울 대표님과, 열악한 상황 속에서도 저의 스텝으로 활동한 국내외 다국적 MZ들에게도 심심한 감사의 마음을 전합니다.

그리고 우크라이나에서 온 글로벌 인재인 마리나와 함께 뜨거운 땀과 정성으로 완성된 이 책을 끝까지 숙독해 주신 독자 여러분들에게도 진심어린 감사의 마음을 전해 드립니다.

그리고 앞으로 마리나와 제가 계속 시리즈로 출간할 책들도 많이 기대해 주시기 바랍니다.

코로나 팬데믹과 우크라이나 전쟁과 이스라엘 가자지구 전쟁 때문에 온 인류가 고통받고 있는 지금.
국내외 독자 여러분들의 건강과 평화를 기원 드립니다.
슬라바 우크라이나(우크라이나 파이팅)!

2022년 10월 29일
단풍이 곱게 물든 남한산성에서
한 줄기 시원한 학(鶴)의 날개바람을 기다리며……
정준 作家